U0182166

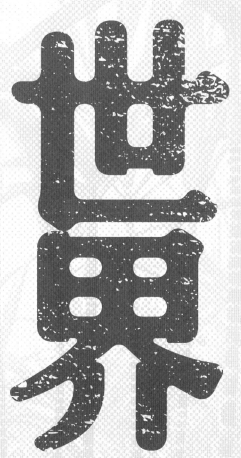

一中国美食之源一丛书

糖的世界

周莉芬/主编

中国科学技术出版社

·北京·

科 影 发 现

科影发现

中央新影集团下属优质科普读物出版品牌，致力于科学人文内容的纪录和传播。团队主创人员由资深纪录片人、出版人、文化学者、专业插画师等组成。团队与电子工业出版社、清华大学出版社、机械工业出版社、中国科学技术出版社等国内多家出版社合作，先后策划、制作、出版了《我们的身体超厉害》《不可思议的人体大探秘：手术两百年》《门捷列夫很忙：给孩子的化学启蒙》《小也无穷大》《中国手作》《文明的邂逅》等多部优质图书。

科影发现系列丛书总编委会

主　　任：张　力　池建新

副主任：余立军　佟　烨　刘　未　金　霞　鲍永红

委　　员：周莉芬　李金玮　任　超　陈子隽　林毓佳

本书编委会

主　　编：周莉芬

成　　员：卜亚琳　刘　蓓　杨　洋　石舜禹　陈　晨

　　　　　刘　稳　林毓佳　樊　川　郭　艳　赵显婷

　　　　　郭海娜　宗明明　张　鹏　戚晓雪

版式设计：赵　景

图片来源：北京发现纪实传媒纪录片素材库

　　　　　图虫网　123 图片库

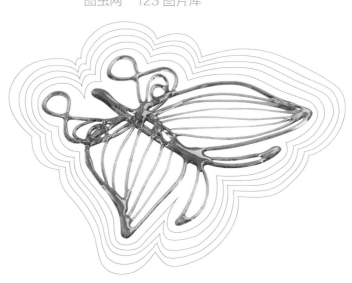

甜，一种能让人愉悦的味道。在生活中，"糖"是甜味的主要来源。

蜂蜜是人类最早食用的糖源。中国幅员辽阔，不缺蜜源，为了获得浓稠甘甜的蜂蜜，中国人在养蜂之路也经历了许多"甜蜜"与"苦楚"。

伴随中国农耕社会发展，聪慧机智的古人用稻谷、玉米、麦子等谷物为原材料发明了麦芽糖，中国成为全世界最早人工制出糖的国家。

糖演化至今，在全国各地呈现丰富多样性，作为技术高超的调和大师和保鲜助手，糖总会惊艳世人，创造出精美绝伦的甜饮、糕点、糖果、佳肴等美食，流传至今。

糖还被赋予了美好的寓意，以示对神灵、祖宗的尊崇等情感意义。这在节气时尤为明显，腊月二十三祭灶的糖瓜，字含着祝福的嵌字豆糖，团聚时吃的糖果……

目录

甜蜜良药不苦口

蔗糖逆流北上

吃糖，没有那么简单

采花酿蜜忙

　　人类喜欢甜甜的糖有生物学方面的原因。远古时代，祖先发现果实是甜的就是安全可食的。久而久之，有无甜味成为一种植物能否食用的标志，喜欢甜也被录入基因里。

　　糖在中国存在的历史久远。人们最初从果实、蜂蜜中品尝甜味，后来发展到用谷物、甘蔗、甜菜制糖。

　　蜂蜜作为最早、最天然的甜味剂，打开了人们吃糖的大门。

　　蜜蜂采得百花酿蜜。数千年来，为了留住甜蜜的味道，人们尽其所能寻找各种途径，从原始悬崖采蜜、原洞养蜂，到人工养收蜜，从木桶到木蜂箱，勤劳的劳动人民如同蜜蜂不辞辛苦，用智慧收集蜂蜜。

蜜蜂采蜜

传奇物种
蜜蜂

　　一亿多年前，蜜蜂就出现在地球上了，主要生活在北纬 35°~45°。中国西南是当今世界上蜜蜂种类最多、最集中的地区。

　　蜜蜂们主要靠吃花粉、吸取花蜜、酿蜜并吃蜂蜜等生存。在吃植物花粉的过程中也担任着传播花粉的使命，帮助植物授粉和繁殖。

　　也正因为有它们，大自然界变得百花齐放、生机勃勃。如果没有蜜蜂，没有授粉，人类将丧失很多种粮食、蔬菜、瓜果等赖以生存的物资。

　　蜜蜂们酿制的蜂蜜更是大自然的馈赠。蜂蜜70% 以上的成分是果糖和葡萄糖，极易被身体吸收，迅速转化成能量。

工蜂们在制蜜

智慧蜜蜂
分工明确

物竞天择，适者生存。一只蜜蜂势单力薄，为了在自然界生存，每只蜜蜂的尾巴上进化出蜂针可以自卫。种群之间，形成了分工明确、互相协作的团体，叫作"蜂群"，这个体系在人类社会形成之前就已经很成熟稳定了。

在一个蜂群中，会有多达 5 万只蜜蜂住在一起，分为蜂王、雄蜂、工蜂三种，它们分工有序、等级森严、合作默契，很像一个大家庭或一个国家。

在蜜蜂的王国里，蜂王是一国之君，蜂王整个身体为金黄色，体型较大，只负责产卵。一般一个蜂群只有一个蜂王，如果蜜蜂多了，它们就会自然分群。雄蜂体格粗壮，主要负责和蜂王交配，传宗接代。工蜂个体最小，但数量最多，负责采花酿蜜、修筑蜂巢、饲养蜂王等蜂群内外的各项工作。

人类智取蜂蜜

蜂蜜，是人类最早利用的糖源。在饴糖和蔗糖发明之前，蜂蜜是唯一一种非人工制作的甜味剂。

蜜蜂喜欢把蜂巢建在黑暗、密闭的地方，比如树干里、洞穴里、岩石下。

关于蜂蜜的最早文字记载出现在 4000 年前中国殷商甲骨文中。蜜的甲骨文字形下边像一条虫，表示蜜与蜜蜂这种虫子有关；上边为"宓"，有安宁的意思，指蜜蜂春夏酿蜜，安然度过秋冬。

远古时期，我们的祖先以打猎和采摘为生，他们发现野生动物会掠食蜜蜂的巢穴，无意中接触蜂巢时发现里面的蜂蜜非常甜，启蒙了人类对甜的认知，远古中国的糖文化就此发轫。

取蜂蜜

洞穴里的宝藏

原洞养蜂

人们开始从树洞、岩穴中寻找蜂巢。在与蜜蜂抢夺蜂蜜时，知道蜜蜂怕烟，就用烟火驱散蜂群，获得大量蜂蜜。

为了争夺珍贵的蜂蜜，殷商时期，人们采用"原洞养蜂法"收蜜，就是定时到蜜蜂原本筑巢的树洞或石洞等地方收取蜂蜜。

来到蜂巢处，人们烧木柴，用烟火驱散蜂群，用炭火加宽蜂洞，再用泥草、牛粪涂抹洞口，留一小孔容蜜蜂出入，最后在树干上刻痕为记，以示蜂窝有所归属。

至今，中国傈僳族、怒族、独龙族等民族还保留着原始的驱蜂取蜜法和原洞养蜂法。新石器时代，人类就留下了攀藤采蜜的岩画。

高海拔绝壁上的岩蜂蜜

在中国西南部的喜马拉雅山脉、横断山脉地区和怒江、澜沧江流域，散布着蜜蜂属中体型最大的一种蜜蜂——岩蜂，又称喜马拉雅排蜂、雪山蜜蜂，因为在背风避雨的陡岩之下筑巢而得名。

茂密的森林里生长着各种各样的花果、珍稀的药材等，为岩蜂提供天然的蜜源，所以岩蜂的蜂蜜不但口感清新香甜，还有丰富的营养价值，这里的蜂蜜是中国最珍贵的野生蜂蜜，被誉为"高山珍宝""中药蜂蜜"。

　　为了保护蜂蜜，岩蜂的攻击性很强，一旦发现有人采蜜就会群起攻之，释放身上毒性。岩蜂毒性很强，一般人被蜇几十下后就会出现呼吸困难，体质敏感的人会因无法呼吸或者器官衰竭而亡，极其危险。

岩蜂蜂巢

傈僳族悬崖上的猎蜜人

悬崖岩石上的蜂巢

为了收获极其珍贵的岩蜂蜜，人们不惜历经千辛万苦，甚至冒着生命危险。

云南省丽江市的依古落村隐藏在深山老林中，村落里的傈僳族世代生活在大山脚下，掌握着在悬崖峭壁间采集岩蜂蜜的绝技。

岩蜂为了远离人群，防止有人破坏蜂窝或受其他动物的袭击，通常把蜂巢安在偏僻幽远的山谷里高达几百米甚至几千米以上的山崖上。

傈僳族人还传承着一种传统——与蜜蜂和谐共生，每年只采一季蜂蜜，每次采蜜只采 70%，雨季不采蜜，留下足够的蜂蜜供蜜蜂生存，等待蜜蜂来年的回归。

傈僳族村落附近的大山

准备的棕衣

用烟熏蜂巢

傈僳族采蜜的『秘密武器』

　　因为蜂巢隐藏在高山深谷中，采蜜人要有比猿猴还灵巧的攀岩功夫和胆量。

　　祖祖辈辈的采蜜经历让傈僳族的人们总结出了许多经验。每年的秋末冬初，傈僳族男子准备好干粮、褐色的棕衣、烟熏的火把、攀登悬崖的绳梯和保险绳，

捆扎松树枝和松树叶做成火把

去采集岩蜂蜜。

　　由于棕衣与树皮的颜色相近，可以迷惑蜜蜂，免受攻击。松树枝和松树叶做成的火把是防身武器。蜜蜂受到烟气的干扰，误以为发生了火灾，全体飞逃。因为蜜囊中吸入蜂蜜，导致蜜蜂腹部膨胀，不方便弯曲，不能使用蜂针，可以减少对人的攻击。

　　为了方便采蜜人工作，前人总结出绳梯距离蜂巢一米左右是最佳距离。

015

百米高空摘蜂蜜

　　岩蜂所在的山谷距离依古落村十几千米，要想取到蜂蜜，采蜜人常常要走很远的路程。

　　到达山崖后就到了考验采蜜人高超的采蜜技艺的时候。

　　采蜜人找到岩蜂蜂巢仔细观察情况。在确保安全的情况下，点燃火把，小心翼翼地放在盛蜂蜜的桶里，用绳子送到蜂房下面。滚滚浓烟向上飘，蜜蜂四处飞散。

　　采蜂人要利用这个时间争分夺秒地和岩蜂抢蜂蜜，天时地利人和缺一不可，才能获得珍贵的蜂蜜。

悬崖上取蜜

　　岩蜂巢分为三个部分，最下部是迎风的育婴房，没有蜂蜜。蜂巢的中间部分是岩峰存储的花粉，同样没有多少蜂蜜。最上部是真正存储蜂蜜的地方。

　　采蜜人用木棒将蜂巢撬下，落到桶里或地上，地上有早就铺好的塑料布或大树叶。

　　虽然采蜜工作非常辛苦，也很危险，但从古至今，傈僳族人依旧沿用先人留下的绝技采岩蜂蜜，仿佛在提醒世人甜蜜来之不易。

017

生活在树上的蜜蜂

人工养蜂收蜜忙

到了东汉，采蜜人认为原洞看护野蜂巢，收取蜂蜜不方便，开始移养蜜蜂。移养是蜜蜂由野蜂变成家蜂的过渡阶段。

人们把野生蜂巢或带有野生蜂巢的树干挂在自家屋檐的下面或院内。树干放置的方向与原来的生长方向保持一致，以防蜜蜂不适应。

移养蜜蜂不需要太多管理，大多处在半野生半家养的状态。

中华蜜蜂最早的饲养记载是在3世纪的书籍中。西晋时期学者、医学家、史学家皇甫谧在《高士传》中记载，东汉时期的姜岐"隐居以畜蜂豕为事，教授者满于天下，营业者三百余人"。

木桶里收获甜蜜

后来，人们通过养殖蜜蜂获取蜂蜜替代了危险的原洞采蜜。

魏晋南北朝时，养蜂人逐渐把半野生态生存的蜜蜂向家养过渡。晋代张华所著《博物志》载："远方诸山蜜蜡处，以木为器，中开小孔，以蜜蜡涂器，内外令遍。春月蜂将生育时，捕取三两头着器中，蜂飞去，寻将伴来，经日渐益，遂持器归。"意思是养蜂人将蜜蜂移养到仿制的天然蜂窝中——木斛和空心圆木桶里养殖。

木斛和空心圆木桶，口小底大，仅能容纳蜜蜂通过，内外用蜂蜡涂抹，吸引蜜蜂，安放在房檐前或庭院里，所产的蜂蜜被称为"土蜂蜜"。现在仍有地区用圆木桶养蜂。

圆木蜂箱

武陵山村

武陵出黑的蜂箱

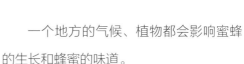

深山养蜂 酿出甜蜜味道

一个地方的气候、植物都会影响蜜蜂的生长和蜂蜜的味道。

位于武陵山腹地的湖北省鹤峰县走马镇，四周群山环绕，山高水长，重峦叠嶂，植被覆盖率高，四季分明，山花多，蜜源丰富。在这里，很多人依靠着得天独厚的条件发展养蜂业。

这里沿用圆木桶养殖蜜蜂。养殖的中蜂，所产蜂蜜质量好，堪称"蜜中极品"。金秋十月，吊脚楼桶桶蜂蜜飘香。

中蜂又称中华蜂、土蜂，是中国独有的蜜蜂品种，善于利用零星蜜源植物，采集力强，抗病能力强。中蜂的个头小，头部黑色，腹部黄黑色，全身披着黄褐色的绒毛。

哪里有鲜花
哪里就有蜜蜂

　　唐朝人把蜂巢像燕窝一样悬挂在屋檐下或房梁下，并在附近种有花朵、果树，开花时节充当蜜源。诗人杜甫的诗句"柱穿蜂溜蜜，栈缺燕添巢"亦可证明。

　　养蜂人获得蜂蜜，通过买卖获得丰厚的报酬。于是，更多的人开始重视养蜂行业。"不论平地与山尖，无限风光尽被占。采得百花成蜜后，为谁辛苦为谁甜？"唐代诗人罗隐的这首咏蜂诗不仅是歌颂了蜜蜂

大片的油菜花田里蜜蜂在采蜜

蜜蜂采蜜

辛勤采蜜、无私奉献的劳动精神，还让我们知道唐代养蜂业已经迅速发展，无论是在平地，还是高山，哪里有鲜花哪里就有蜜蜂。

至于何时收蜜，唐朝人也有准确的时间判断，他们把"六月开蜜"列为重要的农事。在割蜜时，还会将三分之一的蜂蜜留给蜜蜂，好让它们安全过冬。

025

养蜂业的『甜美』前景

宋元时期，人工饲养蜜蜂发展到重要阶段，越来越多的人加入养蜂行业，家庭养蜂普遍流行。后来，规模变大，逐渐发展成专业的养蜂场。

明清时期，养蜂人总结前辈经验，采用圆锥形、圆筒形或方形木蜂箱养蜂，下面用砖头、荆编藤条等隔离蜂箱与地面。养蜂业越来越兴盛，各地的专业养蜂户越来越多，每户至少有数百个蜂箱。

明清时期，人们开始研究养蜂学。清代郝懿行的《蜂衙小记》中，详细记载了蜜蜂形态、生活习性、社会组织、饲养技术、分蜂方法、蜂蜜的收取与提炼、冬粮的补充、蜂巢的清洁卫生以及天敌的驱除等内容。

规模化天然养蜂场

蜂箱里的蜂巢

蜜蜂在建蜂巢

现代养蜂制蜜方法

古人的实践经验为我们的养蜂采蜜之路铺垫了坚实的基础。根据蜂群的特征和蜜蜂的习性，创造的活框饲养标志着中国现代养蜂业的开始。

在这些看似平静的蜂箱中，蜜蜂们各司其职。活框木蜂箱由好几层继箱叠加而成的，可分别抽取，不会损坏整个蜂箱。每层蜂箱内都挂着大约 10 个木框，叫作"巢框"。蜜蜂在巢框上建造巢脾。为了帮助蜜蜂更快地建造好巢脾，养蜂人会在巢框里放置巢础，巢础是两面都压印有蜂房形状的蜡片。

巢脾是由数不清的六边形蜂房组成。严格的六角柱形体，既坚固又省料，人们因此把蜜蜂称为"天才的数学家兼设计师"。

习水县良好的植被环境

贵州省遵义市习水县地处云贵高原的北部，丹霞地貌突出，红色崖石遍布山野，陡峭光滑的峭壁寸草不生，却是当地养蜂的重要场所。

这里森林覆盖率高，山地气候明显，山里植物资源丰富，给蜜蜂提供了充足的蜜源。蜂蜜靠山上的野花和各种中药材的花粉酿造成花蜜。

养蜂人会在春天蜜蜂采蜜之前，在悬崖上都挂满蜂箱。为什么非要把蜂箱悬在高高的山崖上呢，因为高处不仅阳光充足，通风效果好，而且还可以避免大风，下雨也淋不到，不会影响蜜蜂飞翔，这样蜜蜂不易生病，能引来更多的野蜂筑巢，蜂蜜产量高、质量好。

蜂箱为何悬挂在山崖上

悬崖上的木蜂箱

大
山
里
的
养
蜂
人

在悬崖峭壁上安蜂箱并不容易。山林中没有路，养蜂人只能靠自己的感觉和经验在崎岖坎坷的山上摸索道路。甚至背着蜂箱还要攀登垂直 90 度的悬崖。每个星期都要往返几次，才能完成安装。

到达合适的地方，养蜂人先在峭壁上凿出两个 20 厘米深的孔，再敲进木桩，这样悬挂蜂箱的木架便做

好了。安装蜂箱前，要先用蜂蜡涂抹蜂箱里面的每个角落。蜂蜡非常关键，是用 30 多个蜂巢熬制 1 个小时做成的，大小如香皂，散发淡淡的香味。蜂蜡的味道可以吸引蜜蜂，让蜜蜂以为这是蜂巢。接下来就放置蜂箱，等待蜜蜂安家了。

蜂蜡

安置蜂箱

在悬崖上打孔

槐花蜜

中国疆域辽阔，地大物博，生态种类繁多，为蜜蜂提供了丰富多样的蜜源。

山西省临汾市永和县位于中国母亲河黄河的中游，气候温和，降水适中，植被丰富，槐树生长茂盛，漫山盛开的槐花芬芳四溢。

养蜂人在槐树下摆放一排排蜂箱。蜜蜂们从槐花中采蜜。花蜜来源于花朵分泌的汁液，是植物通过土壤和光合作用生成的营养物质，主要以蔗糖为主，还有 50%~80% 的水分。

自古以来，养蜂人被誉为"追逐春天的人"，哪里有花，他们就在哪里。每年 4—5 月是产槐花蜜最好的季节，也是蜜蜂和养蜂人最忙碌的时节。槐花蜜色泽微黄，蜜质浓稠甘甜，具有清淡幽香的槐花清香。

舌尖上的槐花蜜

蜜蜂采槐花蜜

蜜蜂采枣花蜜

中国四大名蜜

　　除了槐花，还有许多蜜源植物。槐花蜜、荔枝蜜、枣花蜜、荆条蜜被誉为"四大名蜜"。

　　3—4月，南方地区的荔枝树花开。新鲜的荔枝蜜呈浅琥珀色，存放一段时间后变为深琥珀色。气味芳香馥郁，带有荔枝的果酸味。

　　枣树是北方地区重要的蜜源植物。5—6月，黄绿色、细碎的枣花盛开。酿制的枣花蜜为深红琥珀色，质地黏稠，味道甜腻。

　　荆条生长在北方山地阳坡上。初夏时节，蜜蜂围绕着淡紫色的荆条花工作。荆花蜜也呈浅琥珀色，气味清香，口感甜润，回味微酸。

　　中国地域辽阔广袤，生态多样复杂，很多地区的蜜蜂并非采集单一蜜源，而是广采博收，酿成人们熟知的百花蜜，民间俗称土蜂蜜。

蜜蜂制蜜

甜蜜的奥妙

　　花蜜如何酿成蜂蜜，这其中的奥秘在蜜蜂身上。

　　蜜蜂有长长的空心舌头（也叫管状口器），可以将花蜜吸入蜜囊（也叫蜜胃，这个胃和另一个胃是分开的）。当蜜囊满了之后，蜜蜂飞回巢穴，用反刍的方式吐出花蜜，进行反复咀嚼。同时加入蜜蜂体内的淀粉酶，使花蜜的成分发生变化，分解成人类能直接吸收的糖。

　　蜂巢内，环境温暖，加上蜂群不停地振翅扇风促使花蜜里的水分快速蒸发，变得黏稠。花蜜刚被运到蜂巢时，含水量高达 80%，经过蜜蜂酿酿后，含水量只有 18% 左右。大约经过 15 天的酿制，蜂蜜就算成熟了。

完整的蜂巢

取蜜有技巧

　　现在，我们的养蜂技术愈加成熟，采蜜也更加安全。
养蜂人会穿戴着专业的防蜂帽、防蜂服、手套等，
用金属起刮刀撬开粘在一起的巢框，用喷烟器让蜜蜂
平静下来，用柔软的小扫帚先清理走蜜蜂，再用热的
割蜡刀把巢脾上的蜡盖割下来，然后把带有巢脾的巢
框放在一个摇蜜机里，摇蜜机高速转动，在离心力的
作用下，蜂蜜如抽丝般被甩出，却不会破坏巢脾。分

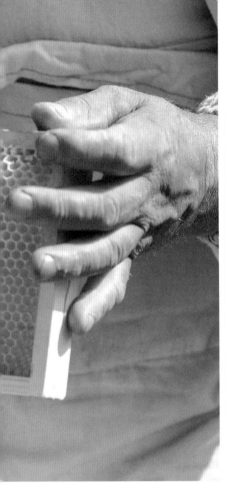

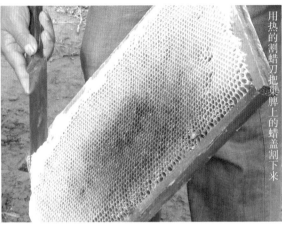

用热的割蜡刀把巢脾上的蜡盖割下来

转动的摇蜜机

离出来的蜂蜜都会流入一个收集罐里。接着，用筛子和滤布过滤蜂蜜，去除小块的蜂蜡杂质后，就可以用密封广口瓶灌装蜂蜜了。

有时，养蜂人会把老旧破损的巢脾熔化，然后做成蜂蜡蜡烛之类的东西。剩余的空巢脾会被放回到蜂巢里，好让蜜蜂再次储满蜂蜜。

橙子花开，蜜蜂采蜜时节

以蜂为伴
与蜂为友

湖北省秭归县泄滩乡养蜂人王大林从事蜜蜂养殖业已有 20 多年。在长期与蜜蜂的相处中，他练就了一项独特的绝技——穿蜂衣，即采用一些方法将蜜蜂引到身上，最后众多蜜蜂像一件衣服一样一点一点穿在了身上，自己成为"蜂衣人"。

王大林以蜂为伴、与蜂为友，对蜜蜂的生活习性了如指掌。开花时节，蜜蜂会跟随着花期忙于采蜜酿蜜，这时期它们性格温顺，不会轻易攻击人。所以，每年春天他都会挑战"蜂衣人"。

蜂王在笼里

穿蜂衣不仅需要勇气还需要诀窍。

诀窍一是穿蜂衣之前先洗澡，去除身上的异味。诀窍二就是最大的蜜蜂——蜂王。将笼子里的蜂王，挂在身上，蜂王会告诉工蜂和雄蜂它的位置。工蜂和雄蜂就会误以为"蜂衣人"的身上是蜂巢，会迅速地安家。随着蜜蜂在"蜂衣人"脚边堆积，加上蜂王的引诱，蜜蜂们顺着身体蜂拥而上，"蜂衣人"最终完成穿蜂衣。

甘之如饴，麦芽制糖

　　在远古的渔猎时代，人们可以获取到的甜食只有蜂蜜和带有甜味的果实。但富于创新的中国人，从未止步于对甜味的探索。当进入了农耕时代时，谷物开始被大面积种植。中国人开始从麦芽或谷芽中提取淀粉，经过发酵，用火熬煮，加工制作成饴糖，这被公认为是世界上最早制造出来的糖。

　　最早关于糖的记载出现在《诗经》中："周原膴膴，堇荼如饴"，意思是岐周平原真肥沃，堇菜荼菜如糖味。到了春秋战国时期，《礼记》《楚辞》《山海经》等著作中也都出现了饴糖，说明中国的饴糖制作技术一直在发展，流传至今，世世代代抚慰着国人的味蕾。

『米+麦』升华的味道　饴糖

饴糖也叫麦芽糖。

西周时期，中原地区土地肥沃、农产丰富。我们的祖先在用稻谷、玉米、麦子等谷物酿酒过程中发现，发了芽的谷物经过过滤和慢慢的煎熬，变得浓稠、黏腻，更加甘甜，因此得名麦芽糖、饴糖、饧、胶饴、饧糖、糖稀等。入口甘甜，于是人们开始大规模做饴糖。

南方以稻米为原料，北方最早以黍米为原料，后来又以高粱、红薯充当原料。

大麦芽

大麦芽与大米蒸熟

泡大米

但这时候，饴糖只有贵族才能享用。直到汉代，饴糖制造技术非常成熟，制作的量变多，才开始成为普通百姓的食品，是当时孝敬长者的礼物和祭祖祭神的主要物品。

最早的糖是由大米和小麦的麦芽制作而成，所以，糖的造字也跟粮食、制作方法有关，左部分"米"，介绍了糖的来源；右部分表示米和麦制糖需要先蒸熟再发酵，过程中体积变大。

糖水的发酵之旅

东汉的《四民月令》中记载，制作饴糖是在每年阴历的十月。

先浸泡麦子，促使其发芽。麦子发芽时会产生糖化酵素，然后将麦芽磨成浆液。将泡好的大米或糯米放在大火上蒸煮好，再与麦芽浆液融合在一起，开始一段漫长的发酵之旅。

麦芽中的淀粉酶会水解大米中的淀粉，从而发酵产生糖水。

发酵完的糖水片刻都不能耽误，进行最为关键的步骤——炒糖，炒糖是为了把糖中多余的水分用火熬制的方式挥发出来。在熬制过程中需要不停地进行搅拌，使之成为黏稠的糖浆，并防止麦芽糖炒焦。熟练的动作并不是一朝一夕就可以练就的，动作幅度的大小，火候的拿捏全凭手艺人多年的经验。

熬制中的糖水

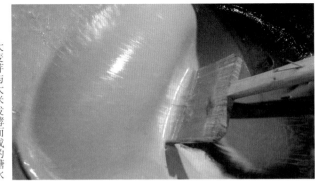

大麦芽与大米发酵而成的糖水

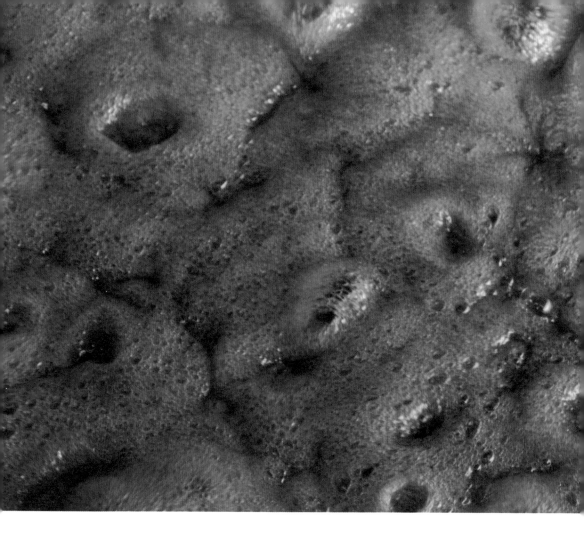

麦芽糖

拉扯出来的甜蜜

把炒好的糖浆晾凉，放在木凳子上，像拉面条一样，对麦芽糖进行进一步塑形，这个过程称为甩糖。

智慧的古人很早就学会通过物理手段改变糖的内部结构。不停地拉伸，会撕断麦芽糖的纤维，大量空气进入，使得麦芽糖变为微小的结晶状。

经过十几分钟不停地拉扯，麦芽糖由软变硬，颜色也由原先的琥珀色逐渐氧化成乳白色。

经过拉扯之后的麦芽糖香脆可口、越嚼越甜。

正在晾凉的糖浆

甩糖

做好的麦芽糖

糖瓜——关东糖

二十三 糖瓜粘

在中国民间，特别流行麦芽糖做的糖果。尤其是在春节，每家每户都会准备些糖果，寓意喜庆、甜蜜。

人们在麦芽糖变硬之前加入芝麻等辅料，切块或切条，压制成型，色泽诱人，香甜酥脆。扁圆形好像南瓜一样的叫作"糖瓜"。在关东（山海关以东地区的旧称）的农村，长条形的麦芽糖称为"关东糖"。

这种糖需要一点一点地吃，如果大口去吃，容易粘在牙上。

民谣里说："二十三，糖瓜粘。"传说，灶王爷上天专门告人间善恶。为了让灶王爷上天言好事、回宫降吉祥，人们在大年二十三的时候有"祭灶"的风俗。在灶前摆上灶王爷的年画，在桌上供放灶糖。许多地方的灶糖就是又甜又黏的糖瓜，希望灶王爷说些甜言蜜语或者被糖粘住，说不出话来。

拉制好的麦芽糖，拉成细条、切块

童年记忆叮叮糖

麦芽糖是中国传统甜食的原材料。

叮叮糖作为四川成都的一道传统小吃，也叫白麻糖。

制作时将麦芽糖水中掺入黑芝麻、花生渣等，放入锅中加热煮沸，等到糖水浓缩、晾干后，需要通过拉扯成型，而拉扯的作用主要是把黏稠的糖稀扯成凝固的糖块，才能方便人们食用。

把拉扯好的麦芽糖放在花生粉里，拉成小细条，然后用剪子剪断。

古代，卖麻糖的小贩都会拿着一个下端锋利的小铁板，叫卖时用小铁锤敲打铁板，发出叮叮当当的声音来招揽顾客。孩子们一听到叮当声就知道卖麻糖的商贩来了，这就是叮叮糖的由来。虽然现如今卖糖已经不用铁板铁锤了，但叮叮糖的叫法仍在沿用，成为许多人的童年记忆。

糖水浓缩、晾干

拉制麦芽糖

055

过年必吃炒米糖

当美好的体验继续蔓延，浓浓的甜味在人类制糖的手艺中被发挥到了极致。

江苏省常州市溧阳市有着悠久的制糖历史，麦芽糖也被很早应用。溧阳炒米糖在江西叫作炒米糕，在广东又叫作米花糕。在溧阳人心中，过年少不了炒米糖。

炒米糖以麦芽糖为基础，制作工艺烦琐，其中最难的是糖料的制作。

有了麦芽糖作为基础，人们才有可能继续加以创造。做好的麦芽糖切块下锅，糖水沸腾后加上炒米、花生、芝麻等辅料进行翻炒，两分钟后一锅热腾腾的炒米糖就出锅了。出锅后用擀面杖擀平、切块，就是炒米糖了。

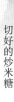

切好的炒米糖

057

做好的麦芽糖

把软糯的麦芽糖捏成一个好像罐子的"糖斗"

灌糖

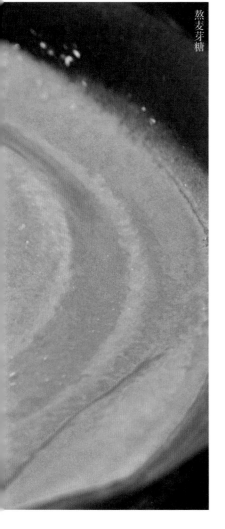

熬麦芽糖

灌满浓浓年味的灌芯糖

灌芯糖是江西省黎川县经典的传统小吃。顾名思义，就是把馅芯灌入到麦芽糖里。

灌芯糖制作过程十分复杂，费时费力，最关键的环节就是制作麦芽糖。

麦芽糖做好后，再捏成一个好像罐子的"糖斗"，将馅芯即炒熟的芝麻灌入"糖斗"，包起来封口。

双手交替将"糖斗"反复搓拉，边搓边拉，把"糖斗"拉成长条，越拉越细，最后拉成手指粗的细条。拉好的麦芽糖用剪刀剪成长约5厘米的管状小圆条，即为灌芯糖。随着剪刀的挥舞，整个糖坊里回荡着剪糖的咔嚓声。不一会儿，一粒粒洁白饱满、皮薄松脆、味甜香浓的灌芯糖便做成了。

在外的游子即使节日无法回家乡，能吃到熟悉的甜味——灌芯糖，也会瞬间将漂泊的心和记忆深处的故乡紧紧连接在一起，回味甘甜。

淀粉中也有糖

淀粉的主要成分是多糖，主要存在于谷类、薯类和豆类食物里，如米饭、馒头、红薯等。淀粉进入人体后也会被水解成麦芽糖。

酥脆可口、入口即化的罗五苕丝糖主要原料就是红薯和糯米。红薯又叫地瓜、白薯、红苕、甜薯等，味道香甜。掺入糯米容易消化，不仅酥脆，还能减轻红薯的甜味。

罗五苕丝糖是红色革命老区贵州省遵义市习水县土城镇（四渡赤水第一渡口）的特色食品，当地过年过节的必备佳品。

苕丝糖制作工艺已有百年历史，大约在唐朝时由四川等地传到习水县。制成苕丝糖，需要三十几道工序，其中最重要的是对原料的处理。切成块的新鲜红薯，洗净后放入蒸桶中蒸煮，大约蒸煮半小时，部分淀粉水解变成了糖。

麦芽糖成就了苕丝糖

时间是美食的缔造者。

糯米磨成米浆后，再晾晒成块，制成糯米粉。糯米粉与蒸煮好的红薯搅拌，继续蒸煮，蒸熟之后经过捶打、晾干、切条等工序，就成了黄白色、莹酥软香甜的红薯干。

制作苕丝糖，还要去寻找一种特殊的材料——河沙，它能使苕丝在炒制时受热均匀。

河沙洗净，放入锅中翻炒30分钟，炒熟变成黑色。加入切条后的半成品苕丝，与河沙一起翻炒。炒制时，苕丝开始膨胀变大，颜色也变得晶莹剔透。

最关键的步骤就是熬糖。麦芽糖熬好且开始冒泡后，放入苕丝，并根据口味加入芝麻、花生、核桃等辅料，翻炒后倒出，趁热用木板快速压实、切块。风味独特、香甜可口的苕丝糖就做好了。

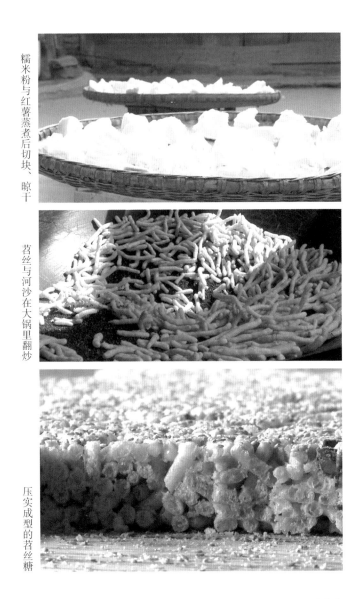

糯米粉与红薯蒸煮后切块、晾干

苕丝与河沙在大锅里翻炒

压实成型的苕丝糖

063

嵌字豆糖

糖中带字，字含祝福

除了要满足人们的味蕾需求，甜味在南方多了一份灵动巧思。安徽省黄山市祁门县的特产嵌字豆糖更是如此。

嵌字豆糖，顾名思义就是汉字嵌在糖中，糖中有字。从外形上看，嵌字豆糖比铜钱略大。

嵌字豆糖切开后都蕴藏着一个吉祥如意的汉字，比如福、囍、爱、旺、吉、礼、寿等。从古至今，每

逢大事喜事，人们都会用嵌字豆糖来祝福表达对美好生活的祈愿与祝福。

在古徽州，人们有听戏的传统，戏台自然成为嵌字豆糖售卖的场所。辛勤劳作一天之后，坐在戏台下，嚼着甜糯的嵌字豆糖，馥郁的豆香、甜香和芝麻香在口腔回味，听着戏里的故事，享受一天的甘甜。

嵌字豆糖

麦芽糖揉进面团

方方正正的嵌字豆糖，一离不开"字"，二少不了"豆"，三缺不了"糖"。生产原料是黑芝麻、黄豆、麦芽糖。

虽然原料简单，但工序繁复，并非一蹴而就，需要经过磨、熬、擀、切等环节。

做嵌字豆糖要选用祁门县当地上好的黄豆和黑芝麻，经过清洗晾晒，然后分别炒熟，磨成粉。麦芽糖用大火熬成糖浆，将熬好的糖浆分别倒入黄豆粉和黑芝麻粉中，揉成两个面团。

　　面点师傅快速地将黄豆面团、芝麻面团用工具擀平，根据汉字需要，用擀成几个块条、条状。

　　接下来就要进入最重要的制作环节。

黄豆面团加糖水搅拌

揉黄豆面团

晾晒做好的嵌字豆糖

067

传说中的『咬文嚼字』

没有模具，制作好坏全凭面点师傅的手工操作。

面点师傅用黑色的芝麻面团当作笔画，黄色的豆粉面团当作纸。经过巧思，将黄豆面和芝麻面拼合。再将拼合的面团从四周向内紧缩、压实，拉成大小均匀的长方体。整套动作一气呵成，非常快速，因为冷的面就压不紧、拉不动了。

用刀切开后就会看到方寸之间有一个汉字，笔画丝毫不乱，清晰明显，令人赞叹不已。

拼合好的嵌字豆糖

切开后的嵌字豆糖

　　这种豆糖制作手艺精湛，与其说是香甜爽口的食品，不如说是精美的工艺品，是人们品茶、谈文、"嚼字"的乐趣。现今已很少有人掌握该项手艺。2017年，嵌字豆糖制作技艺成功收录安徽省非物质文化遗产名录。

用麦芽糖在黄豆粉里拉伸，制作龙须酥

御用甜点 龙须酥

古代麦芽糖制作的美食太多了，丝丝分明、洁白绵密的龙须酥尤为特别，是陕西省西安市和安徽省安庆市的特产，有 2000 多年的历史。

据说龙须酥还是古代皇帝的甜点。明朝的正德皇帝游民间时，发现味道、外形如此特别的糖，根根细如龙须、口味特别、唇齿留香，于是下旨带回宫中。当时民间称为"银丝糖"，皇帝改名为"龙须糖"。

雍正年间，龙须糖再次名声大震。相传，雍正皇帝宴请文武百官，御厨现场制作龙须糖，皇帝看见麦芽糖在御厨的手里似游龙舞凤，糖丝雪白、纤细，好像龙须，特封此糖为"龙须酥"。

龙须酥是熬煮后变软的麦芽糖通过反复揉搓，趁热在黄豆粉中反复抻拉，越拉越细，一直拉伸到如头发丝状，再卷成一个个小团，整理，摆盘。龙须酥因为口感好，制作过程极具观赏性，流传至今。现在，几乎全国各地的旅游景点里就能够看到制作龙须酥，像西安的回民街、北京的南锣鼓巷等。

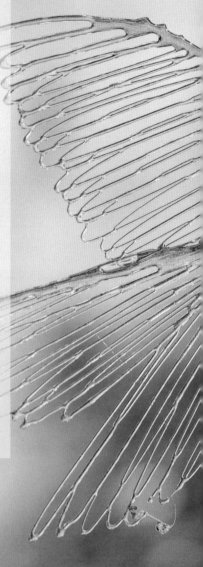

一口非遗甜
一抹童年味

千百年来，勤劳、聪慧的人们为了留住麦芽糖甜蜜的味道，尝试与创新了许多麦芽糖的衍生品和制糖技艺，一代代传承下来，成为有特色的甜蜜滋味甚至文化遗产。

糖画，可观赏又可食用，至今在民间非常流行。对小朋友而言，这是奇妙又美味的糖果；对大人来说，这是一份甜蜜的回忆。

传说，明朝时期新年祀神的习俗，要用麦芽糖融化的糖稀印铸成各种动物和人物作为祭品。后来，四川民间艺人改进工艺，融合传统皮影的制作特征及雕刻技法，不用印铸模具，改为用小铜勺，舀糖稀作画，所以称为"糖画"，又称"糖影儿""糖饼儿"。

麦芽糖稀在炉子上用文火熬制，使用时，火候的控制是关键，过热则太稀易变形，冷了又会太硬无法塑形，熬到拉丝时即可以浇铸造型了。

用铜勺做糖画

勺为笔，糖作墨

糖画

在绘制造型时，糖画师傅以铜勺为笔，用铜勺舀起溶化了的糖稀，以糖稀为墨，在石板上飞快地来回抖、提、顿、拉、收等专业操作，随着缕缕糖丝飘洒浇铸，饱满、匀称的线条构成一幅幅风格独特的糖画。图案完成后，用小铲刀将糖画铲起，粘上竹签。

糖画的题材有人物、动物、花果、文字等内容。在古代，购买者可以转轮盘选择图案。

细心的你会发现制作糖画用的是白色的大理石。不要小看这块板子，这是历经数百年，民间

艺人挑选出的最适合的作画工具。原因有两个：一是
大理石导热性良好，可将热的糖稀在理想的时间内逐
渐冷却、固化，不快也不慢，正好完成作画；二是大
理石表面看似平整，其实表面有小的凹凸，可以轻松
地剥离糖画。

探寻吹糖人的技艺

　　与糖画相比，吹糖人所用的糖稀更黏稠，技术也难一些。

　　民间吹糖人的手艺人将麦芽糖熬好，加热到适温时，揪下一团，揉成圆球，用食指沾上少量淀粉压一个深坑，收紧外口，快速拉出，拉到一定的细度时，折断糖棒。此时，糖棒犹如细管，立即用嘴吹气造型。手艺人鼓起腮帮子，不一会儿就吹成薄皮中空的扁圆球状，再用灵巧多变的手法，捏出造型各异的花鸟鱼

虫、人物形态等。整个操作过程必须手法准确、快速，做出来的造型才生动。

吹糖人的关键技术在吹和捏的功夫上，因此吹糖人也叫捏糖人。

糖人制作已有 600 多年的历史。传说，它是明朝政治家、文学家刘伯温发明的。经过时间的沉淀，现在的糖人，不再是单纯的食品或小玩意儿，而是中国传统手工技艺，艺术价值更高。

吹糖人

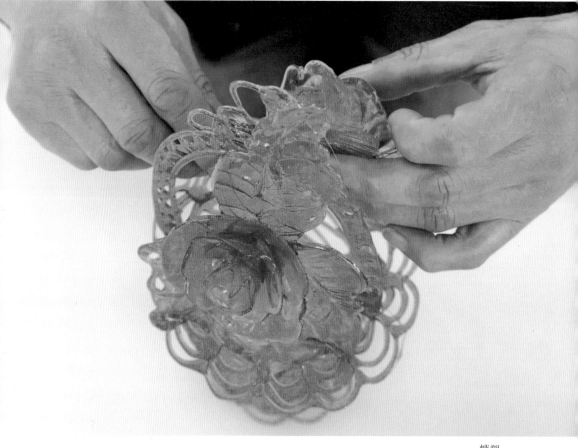

糖塑

糖人只有糖的颜色，中间是空的，而糖塑有添加的颜色，是实心的。

糖塑是古代婚礼、寿礼、祭祀等礼仪上的一种寓意吉祥、带有祝福意义的供奉礼品。

糖塑的起源可以追溯到唐代。明代时兴盛，遍及全国各地，其中以湖北天门、沔阳（今仙桃市）最为突出。

巧手塑万象 糖塑

用糖稀制作蝴蝶

　　糖塑以麦芽糖为原料。将糖加热，使其变软，调入红、蓝、黑等色素，根据需要可以调出数十种不同的颜色。然后借助剪刀、小梳子、小篾刀等工具及竹片、弹簧、石膏粉等辅助材料，经由艺人吹、拉、搓、扯、捏、压、剪等技艺的创造，几十秒钟后，一团麦芽糖便可塑造成一件精美、可吃的艺术品，造型可爱、味道甜美，深受孩子们喜爱。

何以糖霜美

蔗糖的出现彻底将糖与人们的生活黏在一起。

那究竟经过了怎样的制作过程，才使甘蔗中的蔗糖变成了我们最熟悉的砂糖。

刚开始蔗糖的原材料甘蔗并不是全世界都有。甘蔗的原产地是水和阳光充足的印度。

2000 多年前，甘蔗开始在世界传播。周代时，甘蔗由印度通过丝绸之路传入中国的广东、广西、海南等地区，进而传入湖南、湖北等地区，成为世界上最早种植甘蔗的国家之一，也是甘蔗制糖的发源地之一。而且中国后来居上，在制造糖方面居世界领先地位。

甘蔗分水果型和榨糖型两种，平时人们吃的甘蔗叫"果蔗"，是专门针对果用的培育品种，制糖用的品种叫"糖蔗"，有青皮、红皮、黑皮等不同品种的甘蔗。

人们利用糖蔗榨蔗汁，熬蔗浆，先后制出红糖、冰糖、白糖，享受蔗糖带来的甜蜜。

甘蔗地

甘蔗在中国

2000多年前，亚历山大建立了庞大的帝国。他的士兵在进入印度北部时，发现那里的居民生吃一种奇怪的植物，就是甘蔗。从那时起，有人将甘蔗带到世界各地。周代，甘蔗传入中国后，开始陆陆续续在南方地区种植。

甘蔗是热带和亚热带植物。在良好的浇灌下，有的甘蔗能长到三米多高，因为太高，收割时需要许多人一起才能完成。所以，种植甘蔗需要大量的水、充足的阳光以及众多的劳力。

经过上古先民"驯化"，甘蔗成为一种重要的产糖作料，成为田间常见的农作物。在南方甘蔗地里，你会看到四季都有播种、耕耘与收获的场景。因甘蔗生长周期比较短，当年种当年收割。在糖农眼里，甘蔗不仅是农作物，还是甜蜜日子的盼头。

中国南方炎热多雨，适合甘蔗生长。东汉末年，孙权、诸葛亮、曹丕都在自己的统治区域内大规模种植甘蔗。孙权在江南地区，诸葛亮在云南的甘蔗种植都很成功。曹丕统治的北方不利于甘蔗种植，所以做得比较差。

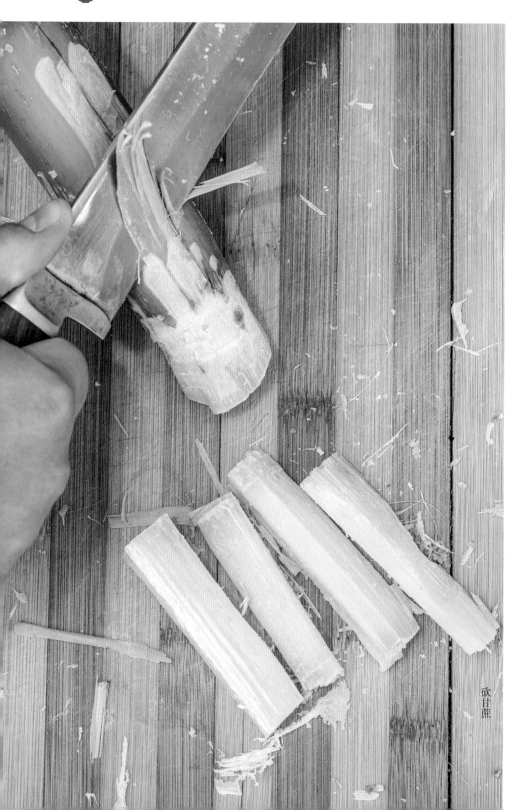

砍甘蔗

甘蔗

『糖水仓库』

含糖量高、甜美多汁的甘蔗被人们赞誉为"糖水仓库"。

甘蔗的根能大量吸取水分和养分，叶子接收二氧化碳和太阳能，并转化成糖，茎秆则储藏"糖水"。

古人把砍下来的甘蔗，去掉叶子，切成一段一段的直接用嘴咀嚼，尝到甘甜的浆汁，舌尖迸发出令人心驰神往的滋味。

如果将甘蔗分为三部分，下部最甜，中间部分较甜，越往上甜度越小。这是因为甘蔗越长越甜，制造出来的糖分会增加，而且多余的糖分会储藏在甘蔗的下部，好像甘蔗的极致美学。

晋代著名画家顾恺之就特别爱吃甘蔗，每次都先从甘蔗尾吃起，慢慢才吃到甘蔗头。古代人认为"倒啃甘蔗"，先吃上部不太甜，再吃下面甜的，就好像人生逐渐转好，蕴藏中国人的生存哲学——先苦后甜。

甘蔗和蔗糖

甘蔗蔗糖叫法多

甘蔗和蔗糖的名称有很多。

战国末期，甘蔗名为"甘柘"，"柘"指甘蔗，到了汉代才出现"蔗"字。楚国人榨甘柘，加热浓缩成为"柘浆"食用。文学家屈原的《楚辞》中就写道"胹鳖炮羔，有柘浆些"，意思是煮鳖烤羊，上面淋黏稠的甘蔗汁，增甜味、着糖色。

蔗糖又称"蔗饧""石密""石蜜"。蔗糖在中国的起源时间，最早的文字记载见于东汉学者杨孚的《异物志》，"（甘蔗）长丈余颇似竹，斩而食之既甘，榨取汁如饴饧，名之曰糖。"意思指糖是将甘蔗汁浓缩加工至较高浓度呈黏稠状的液体，好像饴糖。晋代《广志》里写道"蔗饧为石密"；《南中八郡志》中写道"笮甘蔗汁，曝成饧，谓之石蜜"。

甘蔗生长的佳境

大自然的鬼斧神工既神奇又科学。中国蔗区主要分布在北纬24°以南的热带、亚热带地区，集中在中国的南部和西南部，以广西、云南、广东、海南、福建及邻近省份为主，这些地方日照充足，雨热同季，是甘蔗生长的佳境。

唐代，甘蔗在南方的种植地域更加广阔，甘蔗种植和制糖技术不断发展，产量和制糖作坊的数量也不

甘蔗田与梯田稻

断增多。甘蔗和蔗糖作为商品在市场上大量流通。

南宋时期，为了方便管理，国家还专门设立了管理蔗糖生产的机构。

因为甘蔗会让土地失去肥力，宋元时期以后，人们把甘蔗与其他农作物轮流耕作。种谷物三年后再重新种甘蔗。

糖去棉花返

到了明朝中后期，南方的大部分地区都种植甘蔗，各种糖坊也如雨后春笋般出现。

南方交通便利、水路发达，甘蔗和蔗糖依托水路、陆路、海运销往中国各地及世界各地。

福建泉州当地有句俗语"糖去棉花返"。明清时期，泉州商人每年春天将蔗糖北运至宁波、上海、

工人们正在收割甘蔗

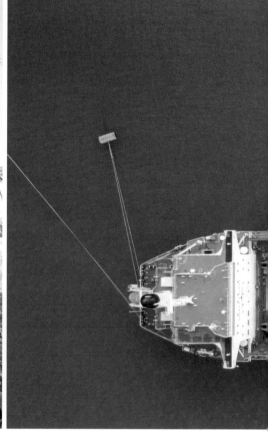

天津等地，至秋天东北风起，又将棉花、棉布等运回泉州贩卖，这也反映了明清时期泉州繁荣的蔗糖商业。

中国蔗糖贸易的高速增长和大航海时代的联系十分紧密。在大航海时代初期，蔗糖是仅次于香料的高利润商品。因为各国的采购，中国的蔗糖便不断地销往全球各地。

卸载糖的货船

雷州半岛制糖忙

到了清代，甘蔗已经成为制糖的重要原料之一。为了满足各地人民对糖的需求，南方许多地区都在种植甘蔗，甘蔗种植和制糖业得到了前所未有的发展。

广东省种甘蔗、制糖最繁盛，尤其是朝廷取消海禁后，积极鼓励制糖业。人们从福建和海南引进蔗苗，改良制糖方法，蔗糖产量大增。至清光绪年间，雷州半岛的制糖作坊也逐渐扩张到 1200 间以上。为了便于运输，人们把制糖作坊建在村子附近蔗田周围的空地上。

据记载，1876 年西印度群岛的甘蔗和法国的甜菜均歉收，世界食糖供不应求，雷州半岛的糖料生产在高糖价刺激之下，产量大增。徐闻县甚至到了"糖价与米价等"的地步，雷州的经济也因糖业的发展而蓬勃发展。

甘蔗地

甘蔗与糖

富阳古法制红糖 立冬砍甘蔗

浙江省杭州市富阳区场口镇东梓关村是位于富春江沿岸的一个古村落，这里属于亚热带季风气候，多雨、水资源充足，非常适合甘蔗生长。而且，依托富春江的水运条件，还能把做好的蔗糖运输到各地。这样的天时地利，使得富阳的蔗糖不停地在生产，又不停地影响着各地。

东梓关村遵循自然法则，大面积种植青皮甘蔗。青皮甘蔗属于糖蔗，比普通甘蔗口感更硬、水分少、糖分高，适合熬糖。

富阳甘蔗地

　　春天播种甘蔗。甘蔗吸收着天地精华、日光雨露，一节节地成长。立冬时节，青皮甘蔗长到最甜、最好的状态。蔗农们挥舞着好几斤重的镰刀将甘蔗砍下来，扎成捆，统一榨汁。

收割甘蔗

捆扎甘蔗

糖车一转 蔗汁飘香

收好的一根根甘蔗被智慧的古人加工成了香甜浓郁的蔗汁，再制作成细如沙的红糖和白糖。

甘蔗变蔗糖是由稀变稠再变干的过程，先榨甘蔗汁，再熬煮成黏稠的糖浆，最后晾干成为糖块。

中国人虽然不是蔗糖制作工艺的发明人，却在改善蔗糖制作工艺方面颇有建树，在榨糖工艺和制糖方法上都有着重大贡献。

古代糖车榨甘蔗汁

中国人发明了糖车，榨甘蔗汁，在明代科学家宋应星所著《天工开物》中有记载。糖车有点儿像个巨大的磨盘，牛拖着弯曲的长轴一圈圈地走，轴带动下面的两根大石柱滚动，两个石柱即石绞，是轧甘蔗汁的机械。牛走，拉动石绞转动。把甘蔗放进两个石柱之间，一压而过，甘甜的汁水就出来了。糖车下方有收集甘蔗汁的水槽，可以把汁水导流进糖桶中。

八口锅熬着甘蔗汁

现代用机器榨甘蔗汁

用大漏勺撇出带有杂质的泡沫

熬出甜蜜

富阳区完全遵循古法熬制红糖。新鲜的甘蔗收回来之后直接榨汁。现在大多用机器榨汁。

榨汁前，甘蔗不需要进行清洗，越新鲜的甘蔗表面的白霜就越多，要连皮带霜一起榨，做出的糖也就更好。榨完的甘蔗渣，晒干后是一种很好的燃料。

甘蔗汁经过两个小时左右的自然沉淀，去除一部分杂质，之后熬糖。熬可以把蔗汁中的大部分水去掉，排除杂质，得到黏稠、纯净的糖浆。

熬糖使用的是直风腔灶、连环锅，8个从大到小的锅连成一排，从灶头一直贯穿到灶。就像一个被劈开的糖葫芦躺在那里。甘蔗汁引入第一口锅之后，需要加入适量的苏打进一步去除杂质。熬糖师傅用特制的大漏勺撇出带有杂质的泡沫，直到甘蔗汁变得纯净。

可能你会疑问，这八口锅不都是在煮甘蔗汁吗？从前面的大锅到后面的小锅挪来挪去的有什么意义？

把糖浆从前面大锅移到后面的小锅这个过程，当地人称为"赶水"。

熬糖的过程是一个水分不断减少、糖浆的浓度不断提高的过程。前面几口大锅里面的汤汁多，水分大，所以用大锅，而且离灶火比较近，火比较旺，水分越熬越少，糖浆变得黏稠。为了防止熬煳、粘锅，需要盛到后面的小锅。小锅离灶火比较远，小火一点点慢慢地熬。到最后两口锅的时候，糖浆已经变得非常浓稠了。

用八口连环锅

"赶"出来的糖

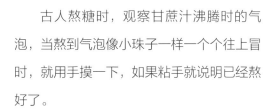

古人熬糖时，观察甘蔗汁沸腾时的气泡，当熬到气泡像小珠子一样一个个往上冒时，就用手摸一下，如果粘手就说明已经熬好了。

最终，将滚烫的糖浆舀到一个长方形的槽床上，经冷却、切割，制作成红糖块，或制作成精细的红糖粉。

深冬时节，外面寒风呼啸，熬糖作坊里暖意融融、云蒸雾绕，弥漫着浓浓的糖香。

红糖块和红糖粉

火山土壤种甘蔗

一个地方的气候和土壤决定了能否种植甘蔗，以及制造出来的糖产品的品质。

中国海南岛琼北火山地区地处低纬度热带北缘，属于热带海洋气候，夏季高温多雨，全年日照时间长，适合喜爱阳光的甘蔗生长，制糖业极其兴盛。

海口火山口

大约在 1 万年前，海南省海口市琼北地区多处发生火山喷发，地下熔岩喷出，似洪水泛滥，到处流溢，大量岩浆呈扩散之势奔流，冷却后便形成了高低起伏的丘陵状火山熔岩地貌。

火山土壤来源于火山熔岩和火山灰，属于火山灰土的土壤类别，富含铁、钙、镁、钠、钾、磷、硫等营养物质和其他微量元素，非常适合甘蔗生长。

103

糖条

海南古法红糖
东方巧克力

海南制糖业历史悠久，据史料记载，琼北火山地区在唐代已有制糖业，宋代时已成规模，清代时糖贸易繁盛。

琼北火山地区也有很多制糖的作坊，当地叫糖寮，是三间四面墙的瓦房。墙体用火山岩石垒成，有些用稻草和泥砌墙，有些不砌墙，地板为泥土，一般人们共同使用糖寮。

甜味萦绕在制糖作坊周围。与富阳古法制红糖不同，海南的糖寮里面有一座大型的环形灶，上面放三

甘蔗汁倒入模具晾凉

口大铁锅，锅的摆放像一个倒立的"品"字。制糖匠将甘蔗汁集中舀进一口锅中熬煮。在熬制的过程中，制糖匠还会在甘蔗汁中加入一定比例的石灰水，因为石灰水呈碱性能减少糖的酸性。

制糖匠不断从前一口锅内舀出甘蔗汁放入后面的锅里，直到水分蒸发，第三口锅里就会熬出浓浓的黑红色的糖浆。

熬好的糖被称为"土糖"，切成条、块，或碾碎成粉，远销广州、上海，出口日本、东南亚等，被誉为"东方巧克力"。

海南熬制土糖的铁锅旁，熬糖的人换了一代又一代，而灶火仍在每年逢冬燃起，穿过 6 个世纪岁月的红尘，坚守至今，在这片灰墙黑瓦中熬制了一锅又一锅的甜蜜。

『闪塌嘴』的糖干炉

当北方的面粉遇上红糖，一种叫作糖干炉的点心随之产生了。

宋辽时期，在山西省怀仁市，人们用红糖做出了口感香脆、甜而不腻的甜点。因为内附饼壁，外实内空，中间虚空，形似人们日常生火的炉子而得名。用力咬食，可能会闪到牙齿，所以俗称"闪塌嘴"。

糖干炉能够中空的原因也和糖有关系。

糖干炉

　　制作糖干炉面团，首先要调好油、水、糖的比例，然后倒入面粉，揉面，做成外皮。红糖会影响面团中的蛋白质吸水，需要时常加水。过量的糖分会抑制酵母的生长，所以对糖量的控制是做好糖干炉的关键所在，这也是糖干炉并非人人都会做的原因。

揉面

调和油、糖、面

掰开的糖干炉

好吃来自『中空』『中空』的关键是红糖

将做好的面团揪一小块，再揉成桃形，就可以进行包馅了。

无论是和面还是馅料，制作糖干炉，都需要加入大量的红糖。包馅的手法需要熟能生巧，糖干炉的馅混合了红糖、青红丝、玫瑰、瓜子仁、胡麻油等众多原材料，保证了甜香的口感。

包好的糖干炉，还要再经过烙和烤两道工序才算完工。经过高温烤制，原先扁平的饼坯会鼓起来，呈中空的状态，糖受热融化后，糖浆会均匀敷在糖干炉的内壁，这样烤熟出炉的糖干炉内空皮脆、香甜可口。

糖干炉的馅料中还曾含有信件。相传，糖干炉是杨家将为传递情报而特制的一种邮寄载体。因为情报准确，杨家将威名远播。后来，杨家将感念其功绩，称之为"得胜饼"。

红糖、青红丝、玫瑰馅料

放入红糖等馅料

给做好的糖干炉盖印章

冰盘荐琥珀

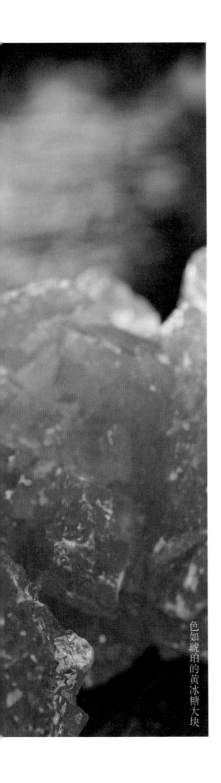

色如琥珀的黄冰糖大块

唐大历年间（766—779），四川遂宁的糖匠发明了冰糖制作方法。做成的冰糖当时称为糖霜，即糖色白如霜，是后世白糖、白砂糖、绵白糖、冰糖的先驱。

甘蔗榨汁熬制后，成为蔗糖，凝结成砂的称为砂糖，砂糖中轻白如霜的称为糖霜。糖霜制作根据生产工艺、熬制时间、脱色工艺的不同，一般会呈现为白色的白冰糖和淡黄色的黄冰糖等。

晶莹剔透的冰糖非常诱人。苏轼在《送金山乡僧归蜀开堂》中写道："冰盘荐琥珀，何似糖霜美"，描述了在瓷器中盛着色如琥珀的糖霜即冰糖的场景。还有黄庭坚作诗《又答寄糖霜颂》："远寄蔗霜知有味，胜於崔浩水精盐"，表明对冰糖的喜爱。

『窖制法』制冰糖

南宋王灼总结前人种蔗和制糖经验，写成制糖专著《糖霜谱》。其中有关于冰糖的发明传说和制作方法。

冰糖采用"窖制法"制作。在农历正月初，天寒的时候，把蔗汁熬熟到黏稠。打入鸡蛋，用鸡蛋清吸附杂质脱色，得到纯净的糖浆。

因为冰糖很怕阴湿，所以要先在瓮的底部铺上一层大（或小）麦糠皮，其上放一个竹篓，篓的底上又先垫上一层笋皮，然后竹篾插在竹篓里，灌入蔗浆，最后用竹席盖上。

几天后，竹篾表面析出如细沙的糖晶粒。直至五月，结晶不再增长，这时竹篾上及釜壁上的结晶就是冰糖，可以取下了。

中国制糖"甜蜜事业"再上台阶

由于早期的冰糖制作工艺十分麻烦，能否做出糖大多凭借运气。唐宋时期的蔗糖只有红糖和冰糖，没有白糖。

白糖就像一个时间猎人，在糖寮中蛰伏，等待合适的时机开创属于自己的辉煌。直至明代，终于形成了十分成熟的制糖工艺，宋应星所著《天工开物》卷六"甘嗜"中提到了更为完备的制糖体系。随着中国白糖加工技术的成熟，中国制造的白糖与脱色技术先后传入日本、夏威夷、荷兰

红糖

等地，而且在当时中国可以用"亲民价"买到的糖，贩卖到欧洲就是"天价"。

白糖最早是在印度出现的，后传入中国。有意思的是，中国制糖青出于蓝而胜于蓝。改良后的白糖又传回发源地印度，被当地人称为"中国糖"。

115

黄泥水淋法 制得白糖

在机器制糖以前，纯白的白糖是没有的。然而，在明末，中国人却发明了"黄泥水淋法"，用这种方法制出来的糖，颜色可接近纯白，在制糖史上留下了浓墨重彩的一笔。

首先将蔗汁加热蒸发，浓缩到黏稠状态，再倾倒入一个漏斗状的瓦溜中。瓦溜上宽下尖，像一个大大的漏斗，底下留有一个小孔，事先用稻草封住下面的小孔。经过两三天后，瓦溜的下部便被结晶出的砂糖

堵塞住了。把瓦溜架在缸上，从上面浇下起到脱色、除蜜作用的黄泥，拔掉塞在小孔中的草，泥浆随着糖蜜逐滴落入缸中。这样经过一个相当长的时间，脱色作用完成，揭去土坯，这时瓦溜上层部分便是上等白糖了，瓦溜底部是黑褐色糖。

这个看似简单的技术，意义却无比巨大，使一度只是达官贵人专享的白糖，从此可以大规模生产，走入了寻常百姓家。

蔗糖逆流北上

人们对甜的追逐，不因地域限制而停止。

制蔗糖的原料主要有两种，一是甘蔗，二是甜菜。

甜菜与甘蔗种植的区域对比鲜明，呈现明显的"南甘蔗，北甜菜"的分布特点。甘蔗性喜湿热，主要分布在一年四季温暖、多雨的南方。甜菜性喜温凉，耐寒、耐旱、耐碱，主要分布在四季鲜明、降雨量适中的北方。

除了甘蔗、甜菜制作的蔗糖，还有从植物中提取的天然代糖。代糖是指除糖以外，另一种可为食物添加甜味的物质。比如从甜叶菊中提取的甜菊糖；从玉米中提取的糖醇类代糖，木糖醇、赤藓糖醇等。人们还通过一些化学反应合成人工代糖，比如阿斯巴甜、安赛蜜、三氯蔗糖等，就不在本书中过多解释了。

为什么代糖没有取代蔗糖？因为除了甜，代糖作物种植的区域不够广泛，生产量不够；口感和作用上也没有甘蔗和甜菜生产的蔗糖更实用；甘蔗和甜菜可以用机器大面积收割，方便快捷，节约成本等。

甜菜的百变身份

凉拌甜菜

甜菜在中国很早就存在了，在漫长的岁月里，只是作用在变化。

南朝人陶弘景撰写的《名医别录》记载："䔧菜，味甘苦、大寒。"当时甜菜被称为䔧菜，已经作为药物和食物出现在中华大地上。

唐朝的《新修本草》中，甜菜变身成为一种"作羹食之，亦大香美也"的蔬菜。这时候甜菜只是蔬菜，跟糖完全没有关系。

明朝后，随着大白菜等其他新兴蔬菜的出现，甜菜几乎被赶出了菜摊，降格为牛羊享用的饲料了。

可以说，甜菜一开始是平民食材，甚至牲畜的饲料。红色的根部隐忍在土地里蕴藏着糖分，谦卑、坚韧，等待被发现。

改变蔗糖业的甜菜

我们习以为常的食物——甜菜，改变了世界制糖的历史。

甜菜能作为糖料作物，得益于 1747 年，德国化学家 A. 马格拉夫发现甜菜块根里含有蔗糖。1786 年，德国另一位科学家开始改良甜菜品种，研究用甜菜制糖，1799 年，在科学家的努力下，被改良后的甜菜能够适应北方寒冷气候，并成功制出蔗糖。

清朝末年的 1906 年，被改良后、能够适应北方寒冷气候的甜菜从德国引入中国，栽培于北方地区。

甜菜块根作为制糖原料，与长江以南的甘蔗共称为两大糖源。甜菜虽然没有甘蔗含糖量高，但也打破了"甘蔗制糖大王"的局面，变成和甘蔗同等重要的蔗糖原料。

甜菜根块和叶

甜菜的糖分在哪儿

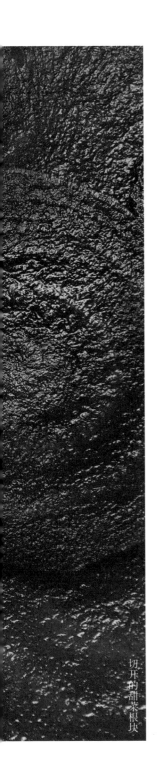

切开的甜菜根块

人们抵挡不住甜菜的诱惑，并逐渐掌握了甜菜制糖的方法。

甜菜与甘蔗一样，是天然的蔗糖糖源，制糖的过程也与甘蔗制糖基本相同。甜菜制糖的过程包括提汁、清净、蒸发、结晶、分蜜、干燥等工序。

甜菜的糖分主要在根部，甜菜块根分根头、根颈、根体和根尾 4 个部分。根头含糖分低，有害于制糖的物质含量高。根颈是根头和根体的结合部。根体占块根的大部分，含糖分高，含有害物质少，是对制糖最有价值的部分。根尾含糖低，而且易失水萎蔫和腐烂，收获时会切掉。

从田间到车间，甜菜历经雨雪风霜、碎身煎熬，成就万家香甜！

125

甜菜塑造了北方的糖

中国甜菜主要种植在北纬 40° 以北，包括东北（黑龙江、吉林、辽宁）、华北（内蒙古、山西）和西北（新疆、甘肃、宁夏）3 大产区。山东、江苏、陕西、河北等省也有少量种植。

1905 年，中国建立了第一座工业化的甜菜糖厂——黑龙江阿城糖厂。

随着中国制糖业的发展，人们对糖的需求量越来越大，种植技术不断改进和提高，在适合种植的地方广泛种植甜菜，兴建了更多的甜菜制糖厂来制蔗糖。其中，一半以上甜菜种植地在黑龙江。这是因为黑龙江的耕地中黑土多，土壤里含有丰富的机质含量；降雨量适中，日照充足；特别是八九月份昼夜温差大，有益于甜菜蔗糖积累。

黑龙江阿城糖厂，现已停厂

黑土地

甜高粱 不仅是粮食作物

因气候原因，产糖的主要作物甘蔗只能在南方种植，甜菜只能在北方种植，而甜高粱具有适应性强、抗逆、抗旱、耐贫瘠、耐盐碱、含糖量高等特点，全国范围均可种植。

高粱自古以来就作为主食为人类所食用，可以磨面。甜高粱是粒用高粱的一个变种，形状与高粱类似，上边长粮食，下边茎秆中有含糖汁液，富含糖分，所以又称二代甘蔗、高粱甘蔗、糖高粱、甜秆、甜芦

粟等。甜高粱的茎秆与甘蔗相似，可以生吃，含糖量很高，压榨出汁率可达 50%~70%，含糖量18%~22%，是制糖的好原料，这也是甜高粱与普通高粱的主要区别。

崇明岛地势平坦，土地肥沃，水源、阳光充足，是世界甜高粱生产最佳维度区，被誉为"中国甜芦粟之乡"。崇明县城桥镇聚训村生产的"吉吉甜"甜芦粟享誉岛内外。这里人过去习惯生食其汁液，也用于榨汁熬制糖。

甜高粱

甜叶菊与白砂糖

甜叶菊 世界第三糖源

新型糖源植物甜叶菊又称为甜草、甜菊、甜茶等，甜菊糖又叫甜菊糖苷、甜叶菊苷。

在甜叶菊的叶子、茎、根等部位均分布着甜味成分，其中叶子中含糖量最高。人们最早也是用甜叶菊叶片冲泡甜茶，后来才提取甜菊糖作为甜味剂使用。

甜菊糖的甜度约为蔗糖的 200~300 倍，热值仅为蔗糖的 1/300，因其无毒、安全、高甜度、低热量等特点而备受人们青睐，被誉为"世界第三糖源"。

甜叶菊原产于南美洲，1977 年，中国南京中山植物园、中国农业科学院等科研机构引种甜叶菊，试种成功以后迅速推广，在山东、河北、陕西、安徽、湖南、江苏、福建、云南等地均有种植。现在，中国已跃居为世界上最大的甜菊糖生产国和出口国。

131

健康天然糖
罗汉果糖

中国疆土辽阔，天南海北分布着许多奇珍异材。

罗汉果是中国的特产，产于广西、广东、湖南、江西等地区的热带、亚热带山区，主要产区位于广西壮族自治区桂林市永福县龙江乡。

人们最早用罗汉果作为药物润肺镇咳、清热解毒、生津止渴、清肺润肠，是国家首批批准的药食两用材料之一。之后又提炼出浅黄色的晶体状或粉末状罗汉果糖。

罗汉果

罗汉果糖又叫罗汉果甜苷，有罗汉果香，味道清甜，甜度是蔗糖的 300 倍。食用后不被身体吸收，不产生热量，是糖尿病患者、肥胖者等不宜吃糖的人的理想糖类替代品。而且不引起血糖波动，不引起龋齿，相对比木糖醇，还不会引起腹泻。

椰枣

天然甜味剂
椰枣果糖

中国糖料兼收并蓄，广纳世界各地食物之精。

有一种果树长得像椰子树，果实像枣，因此得名椰枣。椰枣是干热地区重要果树作物之一，主要分布在非洲北部、亚洲西南部。最晚在唐代经丝绸之路从波斯传入中国云南、广东、福建、广西等地。

充足的日照让椰枣非常香甜，风干后的椰枣呈棕色，果皮很薄。出乎意料，轻轻咬开皮就能吃到甜糯的果肉。除了直接吃，还可煲汤，做成蜜饯、果汁、甜品等。《本草纲目》中称椰枣为"无漏子"，认为其对人体有温中益气、益肺止咳的作用。

椰枣的果肉中 70% 以上都是单纯的果糖，因含糖量高被人们作为"天然甜味剂""天然果糖"代替白砂糖。果糖升糖指数低，易消化，能直接被人体吸收，迅速为身体补充能量，吃了之后会有饱腹感。居住在沙漠和半沙漠地带的阿拉伯人将椰枣视为"生命之源""沙漠面包"。

135

修旧利废是中国勤俭节约的古老智慧。

人们从玉米芯、甘蔗渣、白桦树等植物原料中提取出一种天然甜味剂叫木糖醇，在水中会吸收热量并产生清凉感。以固体形式食用时，会在口中产生愉快的清凉感，常用于生产口香糖。

天然代糖的甜度是白砂糖的几百倍，而糖醇类则不一样，它们甜度比较低，甜度相当于蔗糖，或者更低，是一种健康的甜味剂，是糖尿病患者的首选，还具有防龋齿的作用。

废物巧利用
再创甜蜜

木糖醇、桦树

中国是玉米种植大国，也是玉米加工大国，生产糖醇有天然优势，糖醇产量全球最高。

任何一种食物都不能摄入过量，木糖醇也是，摄入过量会对胃肠有一定刺激，可能引起腹部不适、胀气、肠鸣；由于木糖醇在肠道内吸收率不到20%，容易在肠壁积累，造成渗透性腹泻。所以，糖尿病患者在使用木糖醇作为代糖时，也一定要控制摄入量，浅尝辄止。

山东拥有全球最大的赤藓糖醇工厂

赤藓糖醇与木糖醇等都属于糖醇类。与木糖醇用玉米芯为原料不同，赤藓糖醇主要以小麦或玉米等淀粉质原料，通过微生物发酵法大批量生产。相比于其他代糖，赤藓糖醇甜度低、热量低，口感清凉。

华北最主要的玉米生产省与玉米加工大省——山东拥有国内最大的玉米淀粉糖加工厂，目前拥有赤藓糖醇产能 5 万多吨，是全球赤藓糖醇市场份额最高的公司，占比达到 33%，可以说山东是中国名副其实的甜蜜之地，拥有全球最大的赤藓糖醇工厂。

近几年，赤藓糖醇作为甜味剂广泛应用于饮料、甜点等食品中。

玉米粒与玉米淀粉

139

甜蜜良药不苦口

到了今天，糖成为人们每日生活中不可或缺的一部分，大家几乎已经完全忘记了糖的药用价值了。

事实上，无论国内国外，在古代，稀有的糖在成为调味品之前都先作为昂贵的药品长期流行。

最后因为产量增多，价格下降，医药价值才随着历史时间的推移而被"日常食用价值"取代。

经过了无数次的"临床使用"，人们逐渐认识到糖不仅无毒，还能缓解、治愈一些疾病。

几乎大部分糖都可以补充体内水分和糖分，具有补充体液、供给能量、提升血糖、强心利尿、解酒等作用。

与其他药物不同，糖甜蜜、不苦，是人们心中的甜蜜良药。

糖不只对身体上有影响，压力大、情绪低落时，人们还喜欢吃甜食来缓解焦虑，让自己平静下来。这是因为糖能促使人脑分泌大量多巴胺，传递幸福和愉悦的信息，给人精神上的满足。

糖，与人共生

　　糖存在于蜂蜜、甘蔗等食物中，我们的身体里也有糖，而且是人体必需的一种营养物质。

　　细胞一切活动需要的能量大部分都来自糖，它进入人体后，一部分在胰岛素的作用下分解，吸收后直接被人体所利用，提供热量和多种微量元素，补充体内的水分，促进新陈代谢等。另一部分糖在胰岛素的作用下合成糖原储存起来，以备用。

小孩接过糖

比如，与人类息息相关的葡萄糖。一般健康的人是不需要额外补充葡萄糖的，因为我们平时的饮食摄入就可以满足葡萄糖的需求了，但如果生病时或强烈运动之后需要食用含糖食物或者在输液中加入葡萄糖，以补充营养，快速恢复，防止低血糖。

葡萄糖是自然界中分布最广且最为重要的一种单糖，主要存在于甜食中，奶、水果和饮料，蜂蜜、甘蔗汁等食物中也都含有丰富的葡萄糖。

143

是甜味剂，也是良药

蜂蜜

中国药食两用的食材资源极为丰富。

蜂蜜除了味道香甜，药用价值也很高。

蜂蜜有利于促进胃肠道蠕动、润肠通便；还可润肺止咳，缓解疲劳导致的咳嗽、口干舌燥；还有利于缓解精神紧张以及失眠，改善睡眠，解酒，保肝养胃；还具有护肤美容、抗菌消炎、提高免疫力等功效。

蜂蜜的药用价值源远流长，最早见于《神农本草经》，书中指出："蜂蜜味甘、平、无毒，主心腹邪气，诸惊痫痉，安五脏诸不足，益气补中，止痛解毒，除百病，和百药，久服强志轻身，不饥不老，延年。"

《神农本草经》成书于东汉时期，是中医四大经典著作之一，是已知最早的中药学著作。

蜂蜜

蜂蜜酒

蜂蜜与酒的
奇妙碰撞

蜂蜜是大自然恩赐给我们的营养品，它凭借天然优势，广受欢迎。在食用方面，蜂蜜有多种吃法，蜂蜜酿酒就是其中一种。

早在公元前，全国许多地方就盛行蜂蜜酒。战国时期楚国诗人、政治家屈原在《楚辞·招魂》中记载"瑶浆蜜勺"和"粔籹蜜饵"意思是用蜂蜜酿制蜜酒，用蜂蜜和米面制作蜜糕。

蜂蜜酒是以蜂蜜为原料，经发酵、陈酿后制得的低酒精度饮料。蜂蜜中含有极高的糖分，微生物难以繁殖，需要加水稀释，糖分浓度下降，使微生物繁殖，开始发酵。制得的蜂蜜酒蜜香纯正，甜酸适中，既保留了原料蜂蜜的营养成分，同时由于微生物的作用，又提升了氨基酸、维生素类含量，大大提高了营养价值。

明代李时珍的《本草纲目》把蜂蜜酒列为专条，引证了唐代孙思邈用蜂蜜酒治风疹、风癣等疾病。郑和下西洋还把蜂蜜酒传到印度等地。

蜂蜜酒流传至今，现代的山东人采用当地乐陵市金丝小枣花蜂蜜为主要原料，酿制出了一种蜜香清雅、酒香怡人的蜜酒，深受人们喜爱。

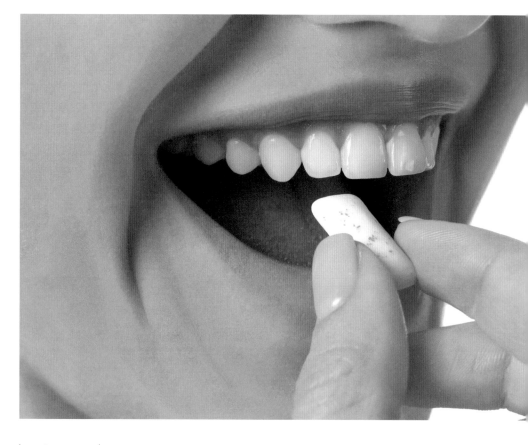

古人保持口气清新的诀窍

口香糖

口香糖早在汉代就出现了，当时称为口香剂。人们用蜂蜜和其他药物制成药丸，在嘴里嚼着吃，达到清新口气、防口臭的目的。

汉桓帝时，有位大臣患有口臭，皇帝赐给他口香剂。但他误以为自己犯了什么过错，皇帝要以毒药"赐死"。哭着和家人告别，后来才知道皇上所赐的是口香剂。汉代以后，口香剂已普遍使用。

唐朝医药学家孙思邈所著《备急千金要方》也提到，治疗口臭，可以服"含香丸"，一种用川芎、白芷、橘皮、桂心、枣肉、蜂蜜炼成的糖丸。

宋代《太平圣惠方》与《圣济总录》是朝廷组织医家及学者编撰的大型医方书，收载了许多口香剂与口香糖丸的配方。

现在的口香糖是以天然树胶或合成树脂为胶体基础，加入糖浆或木糖醇、薄荷、甜味剂等调和压制而成的一种供人们放入口中咀嚼的糖。

蜂蜜不仅可以增加甜味，还能调和许多药，提高药性。

现在人们依然借助蜂蜜去口臭

蜂蜜可以从两方面缓解口臭。

当口腔中出现炎症或者细菌过多时，口腔中的食物残渣被细菌分解，口臭就会出现。蜂蜜中含有酸性物质和高浓度糖类物质，具有良好的杀菌消炎作用，可以抑制多种细菌的生长繁殖，在一定程度上减轻体内的炎症，可以使口腔炎症得以缓解，对于减轻口臭有所帮助。

另一方面胃肠问题也会造成口臭，消化不良、胃火较大都可能引发口臭。蜂蜜含有丰富的活性酶，可以促进胃肠道的蠕动，调节胃酸的分泌，增强消化功能，进而促进食物在肠胃内的消化和吸收。同时去火润燥，从而起到缓解口臭的效果。

现在，人们也会经常喝蜂蜜水或吃口香糖缓解口中异味。

做蜂蜜水

秋梨膏滋润整个秋冬

　　传说，唐武宗李炎患有咳嗽不止、口干舌燥的毛病，御医也没有办法。后来一个人把用梨、蜂蜜等各种中草药熬成的蜜膏献给了唐武宗，唐武宗吃过之后很快就好了，于是赐名"秋梨蜜膏"。配方也被写入宫廷秘方，之后一直受历代皇室喜爱。李时珍在《本草纲目》中指出秋梨膏有"治风热，润肺凉心，消痰降火，解疮毒、酒毒"之功。

　　直到清代康熙年间，御医刘恩济为了济世救民，将配方带到北京民间的"恩济堂"药铺，简称"秋梨膏"，深受老百姓的喜爱，成为北京传统特产。至今，北京同仁堂等老字号药铺还保留着"秋梨润肺膏"传统药膳。

　　梨不仅味美汁多，还可以生津润燥、清热止咳。蜂蜜有养神的作用，利于缓解精神紧张和失眠，以及疲劳导致的咳嗽、口干舌燥等症状。两者相得益彰，蜂蜜和梨汁在舌尖轻轻化开，感觉喉间甜腻，心情瞬间豁然开朗。

蜂蜜与梨

补养脾胃的治愈良药 饴糖

一碗红糖，藏着中国人的养生之道。

《本草纲目》中记载，红糖性温，有健脾养胃、温中补气、化瘀祛寒、缓解经痛的功效。现代科学也证明，红糖中含有丰富的氨基酸、矿物质、维生素以及人体所需的微量元素。

在红糖制成之前，饴糖（麦芽糖）是人们养生调理的必备佳品。

饴糖

张仲景在《伤寒论》中记载了小建中汤，其中一味药就是饴糖（麦芽糖）。饴糖具有补脾益气、缓急止痛等功效，特别适合劳倦伤脾、脾胃气虚、中焦虚寒等症状的人。

东汉末年，许多地方在打仗，人们颠沛流离，就连汉献帝的姐姐建宁公主也难幸免。在一场战乱中，建宁公主跟随着逃难的人群一路逃到了南阳。因为一路奔波和饥饿，公主一病不起。直到喝了小建中汤才痊愈。

155

冰糖葫芦

山楂和麦芽糖也是一种奇妙的搭配。

山楂能去积食，麦芽糖能调和山楂的酸味，调节肠道菌群，润肠通便。

南宋时，宋光宗最宠爱的黄贵妃得了怪病，变得面黄肌瘦，不思饮食。御医用了许多药品，都不见效。一位民间的郎中诊脉后说："将山楂与麦芽糖稀进行熬制，餐前吃5～10枚，半月后病便会好转。"贵妃按药方服用后，果然如期病愈。

后来这种做法传到北京民间，老百姓把山楂用竹签串起来，蘸上熬好的麦芽糖稀或冰糖稀，成为糖葫芦。因为外面那层糖晶莹剔透，好像一层薄薄的冰，甜脆而凉，所以得名冰糖葫芦。

现在，除了山楂，人们还把葡萄、橘子、草莓、猕猴桃、核桃等水果、干果做成各种样式的糖葫芦。

北京的冬天非常寒冷，不易融化的糖晶莹剔透，包裹着红彤彤的山楂，异常可爱，是小孩子冬天最爱的甜食。

甘蔗 解酒的佳品

在古代，糖的解酒实力早已名动江湖，成为它的
另一个特征。

汉代，中国人已经知道喝酒后吃甘蔗、喝甘蔗汁，
可以对解酒起到一定的作用。梁代，陶弘景在《名医
别录》中写道："（甘蔗）下气和中，助脾胃，利大
肠。"明朝医学家李时珍曾说"柘浆甘寒，能泻火热"，
指甘蔗浆不仅甜美可口，还可消渴解酒。

饮酒后，肝脏分解代谢酒精需要大量的能量。甘
蔗汁含有大量的蔗糖、果糖、葡萄糖，当这些糖分进
入人体后，会为肝脏、肾脏提供大量的能量，促进酒
精的分解，防止低血糖；使血糖升高，加速身体代谢，
利尿，通过排尿而加速乙醇排出，减轻醉酒的状态。

除了甘蔗汁，现在人们还直接吃糖果、含糖的食
物，输葡萄糖液等解酒。

甘蔗与甘蔗汁

蔗糖 高攀不起的药

中国语言学家、作家、文学翻译家季羡林在《糖史》中记载，元代时砂糖一度罕有到只有皇家才能享用。换句话说，普普通通的蔗糖在古代是一种比盐更具阶级属性的物品，直到现代产量增多，价格下降，人们才能随意食用。

作为珍贵的药物，糖在很长一段时间都像白月光一样，可望而不可即，尤其是战争期间，蔗糖生产会受到影响，供给更加稀缺。

元朝建立之初，因为战乱导致蔗糖成为极为昂贵的商品。忽必烈的大臣廉希宪患重病，医生开出的处方中有一味药是砂糖，廉希宪的家人在整个大都城都找不到砂糖。贪官阿合马得知后给廉希宪送来了2斤砂糖，廉希宪很坚决地拒绝了。忽必烈听说后从自己的皇宫中拿出了3斤糖送给廉希宪。

一粒粒小小的糖，浓缩着宝贵的廉正情怀。

用来炫富的奢侈品 蔗糖

糖作为珍贵的药品，在古代非常昂贵，甚至是有钱人用来炫富的奢侈品。

在清代，虽然糖产量很高，但也不是所有人家都可以食用，只是有钱人才能当作调味品食用，或者当作药物在药铺里销售。

曹雪芹的《红楼梦》中就写过"拿糖作醋"的成语，意思是某人用昂贵的糖和醋，故意作态来抬高

自己的身份，后来指以某种特长相要挟，装腔作势，摆架子，摆谱或忸怩作态。

不只国内，国外也喜欢用糖显示自己的地位。15世纪，葡萄牙人从中国引入茶叶。英国国王查理二世的妻子凯瑟琳出身葡萄牙王室，她有喝茶的习惯，并在茶中加入珍贵的砂糖，叫作"甜茶"。后来，贵族、绅士、富有的商人纷纷效仿。

往茶里倒白砂糖

吃糖，
没有那么简单

　　糖不仅在药品的世界大显身手，还进入烹饪的江湖，为食材注入灵魂，参与创作各种各样美味的甜食。

　　糖既是制作甜菜、糕点、零食的重要原料，又是烹饪中调和众多味道的主要角色。此外，糖还可以制成糖色以增加菜品色泽，利用糖在加热过程中的变化，制作糖汁、糖粘和拔丝类菜肴。

　　微小的糖不露声色地隐藏在各种水果间，创造出蜜饯、甜饮等甜香醇厚的美食，满足人们一年四季对甜食的想象。

　　厨师对糖的用量和用法，在中国不同地区也千差万别。中国八大菜系苏、粤、鲁、川、浙、湘、闽、徽和东北菜系均在糖与其他调味料协同下，创造出独有味道。

用糖腌制的话梅蜜饯

天然防腐剂
时间酿就的酸甜

新鲜的水果只能在当季食用，如何一年四季都能吃到？聪慧的古人用糖减少果蔬里水分的含量，抑制细菌发展，防止腐烂，增加储存时间，还能调和风味，香甜可口，入口生津。

人们最初用蜂蜜浸渍水果蔬菜。随着制糖业发展，人们开始根据情况选择用蜂蜜、蔗浆或白糖。

汉代，这种方法已经在全国各地开始流行。唐代，这种食品已发展成独立的食品行业，被称为"蜜煎"，指人们将新鲜果品放在蜂蜜中煎煮浓缩，后来也称为"蜜饯""果脯"。明代，这种食品不仅闻名于国内，而且在世界上享有盛誉。

中国的江苏、四川、浙江因为水多，气候适宜，盛产甘蔗和梅、杏、杨梅、桃、橘等果品，为制造蜜饯提供了丰富的原料，被誉为"中国蜜饯之乡"。

天太热了 来一碗古方甜饮

消暑解暑是夏日生活中的永恒命题，各色花样的冷饮是我们的最爱。那么，在古代没有冰箱，靠吃什么来消暑呢？

早在 3000 多年前，中国人就在寒冬时节将冰块藏入冰窖，夏季再取出来用以供夏日消暑。

唐代，人们还将蔗浆一同存入冰窖。等夏天，商人将昂贵的蜂蜜、糖加入冰水中，或者倒入鲜榨的甘蔗汁，制成一碗冰甜爽口的"冰雪"。宋代王郅在《云仙杂记》记载："长安冰雪，至夏日则价等金璧。"

杜甫也曾写诗句"茗饮蔗浆携所有，瓷罂无谢玉为缸。"描写了"把煮好的茶汤和榨好的甘蔗汁，用瓷坛来盛装也不比玉制的缸来得差，可以随取随饮"的场景。

现在，冰和蜂蜜、蔗糖等非常容易买到，人们可以随时品尝甘蔗汁的香甜。

故宫地下的冰窖，现已改造成休息处

中国古代的甜饮品

中国古代的甜饮品大致可以分为四类：浆水、汤类、渴水以及熟水。

浆水是比较浓稠的液体，主要指甘蔗汁和蜂蜜。

糖易于溶化，更易掺和渗透到食物中，在食品中经常使用。唐朝，人们喜欢给各种食物上浇甘蔗汁后再食用，王维就有"蔗浆菰米饭"之句。菰米是一种谷物，做法简单，将菰米煮熟，倒入缸中，用干净的冷水浸泡五六天，让其发酵，变酸后倒出汤水饮用。还可以根据个人口味，在汤水里加入蜂蜜、甘蔗汁。

吃糖，没有那么简单

菰米

古代的果汁饮品也少不了糖和蜂蜜

宋朝人习惯用晒干后碾成细粉的茉莉花、桂花、香橙、乌梅等花果，加热水制作汤品，再加入糖或蜂蜜。宋朝有风俗，"客至则啜茶，去则啜汤"，家中来了客人，先点茶敬客，客人要走时，再点汤送客。

渴水是将水果榨汁，滤去果渣，加入糖或蜂蜜，细火慢熬，让多余的水分蒸发掉，直至果汁成为浓稠的膏状，再放凉，倒入干净的容器中，密封存放。喝时，取出适量的浓缩果汁，用沸水冲泡，就能饮用。

熟水并不是白开水，而是用丁香、桂花、紫苏、豆蔻、肉桂等香料浸泡出来的饮料。将香料焙干，放入沸水中，浸泡出味。

现代，果汁饮料多种多样，但不管是自制或货架上的，大多也添加了蜂蜜和蔗糖或代糖。

水果蜂蜜汤品

冰酪

古代冷食
以甜为上

到了宋代，人们对"甜冷食"的认识更深更广了，种类越加丰富。

人们在冰上浇蜂蜜、放豆沙制成清凉细腻、绵甜爽口的"蜜沙冰"。

把黄豆炒熟，去壳，磨成豆粉，用砂糖或者蜂蜜拌匀，加水揉成小团子，浸到冰水里，制成的冷饮被称为"砂糖冰雪冷丸子"。

在冬天用铜盆接水，往里面放糖、果汁或果胶，端到外面使其结冰后藏入冰窖，来年夏天切割成小块或者雕成小动物造型，称为"砂糖冰雪"，很像现在的冰棍。

元代，人们改进冰棍，加入了果浆和牛奶，做成"奶冰"，和现代的冰激凌很相似。后来又加入果汁、蜜饯，制成名为"冰酪"的甜品。马可·波罗在《马可·波罗游记》中记载了他在元代做官时最爱吃的就是冰酪，并把制作冰酪的方法带回了欧洲。

广东有一种甜品叫作『糖水』

中国的甜饮，花样多，食法讲究，而且每个地方各有特色，除了蜂蜜水、冰酪等，还有各式各样的甜羹，广东人称为"糖水"，潮州人称为"甜汤"。

夏日，广东地区非常炎热，甜蜜清润的糖水是广东人平日里必不可少的存在。糖水可以去暑燥，达到健康养生的效果。

清朝末期，用绿豆和白糖等配料熬制的糖水店开始流行在大街小巷，并流传至今。

龟苓膏

　　糖水一般用水果、牛奶、豆类、坚果等，加水和糖熬煮炖成汤状、糊状、羹状或沙状。除液体外，也有固体和半固体，样式多达数百种。比如传统的绿豆糖水、番薯糖水、冰糖雪梨，经典的龟苓膏、双皮奶，现代新品杨枝甘露、芋圆椰汁西米露等。

177

以甜著称的苏菜

糖在古代是一种价格较高的享受型食品，所以经济繁荣的地区才能方便地吃到甜食。

北宋时，首都开封是公认的最好的甜食生产地，沈括就认为"大抵南人嗜咸，北人嗜甘"。但南宋以后，随着经济重心向江南转移，南方人后来居上，在吃糖方面超过北方人，尤其是苏州人。

清代时，为满足苏南人的糖供应，每年从广东、福建两省要发数百艘糖船北上，向苏南运送百万石的白糖。

苏州自古富庶，糖在苏州人手里运用得游刃有余，创造出许多著名的甜口苏菜，比如有用糖做辅料，酸甜可口的松鼠桂鱼（又名松鼠鳜鱼）。还有甘鲜异常的蜜汁火方，经过三次蒸制完成甜与咸的绝美搭配。第一次蒸制，冰糖的甜将火腿的咸全部溢出来；第二次蒸制，放更多的冰糖，将火腿多余的咸味驱离干净；第三次蒸制，浇上槐花蜜，佐以去芯白莲。蒸好后，夹起一块蜜汁火方，一股香气直冲鼻腔，有火腿肉的陈香，还有冰糖和蜂蜜的清香。

槐花蜜

179

甜到心坎里的苏式糕点

众所周知，苏州饮食口味偏甜，以甜著称的苏式糕点与苏州古典园林一样是苏州的标志。

春秋时期，苏式糕点就"萌芽"了，馅料多用果仁、猪板油丁，用桂花、玫瑰调香。代表品种有千层油糕、翡翠烧卖、蟹壳黄、苏州墨酥糖、苏式月饼、玫瑰糕等。其中，千层油糕与翡翠烧卖并称"扬州双绝"。

翡翠烧卖的创始人陈步云把时令蔬菜剁碎，洒入大量的白糖、猪油增香。"要得甜先放盐"，再把咸

鲜的火腿末点缀在上面，翡翠烧卖就做好了。做好的翡翠烧卖皮薄馅绿，如同翡翠。咬一口，糖、油在口腔四溢，甜润清香。

晚清时期，扬州名厨高乃超根据面团发酵的原理，用面粉、糖、猪板油丁为主料，首创半透明、芙蓉色、菱形块的千层油糕，糕点有 64 层，光看着就令人销魂。糖和油溶化在面粉里，入口绵软细嫩、甜腻适口，一种生活的甜蜜感，悄然流过心头。

千层油糕

花生糖

药食同源的苏州糖果 包裹苏州甜味

如果用一个字概括苏州的美食，相信许多人都会说"甜"，花式繁多的苏帮菜、甜蜜软糯的苏式糕点，还有那甘甜可口、药食同源的苏式糖果，比如招牌粽子糖、脆松糖、软松糖、玫酱糖、桂圆糖、花生糖、雪花酥糖、芝麻糖等品种。

清同治九年（1870），采芝斋创始人金荫芝在苏州观前街摆摊，现做现卖粽子糖，因味道独特，做工精细，声名远播。相传，光绪年间，苏州名医曹沧洲应召入宫，为慈禧太后诊脉。曹沧洲除了开列处方，还将随身携带的采芝斋的粽子糖给慈禧助药。慈禧吃了糖，觉得味甜、鲜洁、爽口，便列粽子糖为"贡糖"。

糖与其他调料不同，除了增味，还有塑形的作用。粽子糖主要采用蔗糖、麦芽糖、松子仁为主要原料，经过溶糖、过筛、熬糖、冷却、折叠、拉条、剪糖等多个步骤加工而成。剪出的糖，好像粽子，无论从哪一面看，都是三角形。

一颗小小的糖果，包裹了地方特征与文化传说。

无锡打翻了糖罐子

对糖的痴狂，苏州又逊于无锡。

无锡菜有多甜？在无锡，从早饭就开始了甜蜜的一天。当地人称小笼包为小笼馒头。一口咬下去，除了肉的鲜香，还有一丝丝甜，这是因为馅料里放了白糖。除了包子，汤圆、酥饼、烧卖里也经常拌入大量的白糖。甚至白糖拌面、炒青菜加糖也不稀奇。

元代时期的无锡菜谱《云林堂饮食制度集》中，就有多道菜运用了蜜、糖、甜酒等甜味调剂，如烧猪肉、蜜酿红丝粉、蜜汁糯米藕、糖馒头等。甜，早已是制作无锡饮食的常规操作了。

为什么无锡人如此钟爱糖？早在 5000 年前，无锡一带已经习惯并爱上从富含淀粉的稻米中咀嚼出的那股甘甜之味。加上当地气候潮湿，久居于此的人们急需糖分补充热量。虽然糖在古代很昂贵，但无锡作为京杭大运河唯一穿城而过的城市，交通便利，物产丰富，商贾云集，糖在这里不再是奢侈品。

蜜汁糯米藕

185

糖醋汁是灵魂

不同于别处最多用一勺白糖来提鲜，无锡的糖常常是论斤放，讲究"甜出头，咸收口，浓油赤酱"。

十斤肉一斤糖，锡帮菜代表作糖醋排骨的糖要占到全部原料的十分之一左右。传说，因为糖含量过高，细菌难以滋生，糖醋排骨可以在室温下存放半月而不腐坏。

不仅无锡喜欢用糖醋作为调料，鲁菜更是把糖醋发挥到极致。

山东人将糖醋汁与猪里脊完美融合，做出的糖醋里脊色泽红亮，配上浓郁的焦糖香气，吃到嘴里外酥里嫩，从舌尖传递上来的酸甜味让人舒爽。甚至在浙菜、粤菜中都可以吃到，也是许多外国友人到中餐馆必点的一道菜。

黄河流入山东，肉质肥厚、细腻、鲜美的黄河鲤鱼在糖醋汁的搭配下，造型美观、色泽金黄、酸甜可口。

糖醋排骨

浙皖闽
也拒绝不了糖

福建、安徽、浙江的饮食也被糖牢牢霸占。

福建、安徽、浙江地区满足甘蔗对阳光、温度、雨水的需要，非常适宜糖蔗生长。特别是9月后，昼夜温差加大，糖分逐渐积累，催促糖蔗成熟。

福建名菜佛跳墙，以及安徽名菜臭鳜鱼等也需要糖调味，需要那一抹香甜。

浙江省有两个主要产糖区域，一是瑞安，二是义乌。义乌种蔗制糖至少有400年历史，瑞安陶山在南北朝时期就曾种植甘蔗。丰富的甘蔗为当地人们提供源源不断的糖资源。

在夏季，以红糖为主料的义乌糖饧最受民众喜爱。糖饧又叫"糖样""红糖米糕"。据《义乌市志》记载："七月半，糖饧、索粉当一顿。"说的是农历七月十五这天，大家不生火做饭，以糖饧、粉作为主食。糖饧是把大米浸胀，磨成浆，加上红糖放在锅中，边加热边搅拌，直至红糖溶解，等冷却后，用刀划成菱形块状。当地人用荷叶包裹销售，味道清凉、香甜。

安徽名菜臭鳜鱼

189

不可或缺的糖

做东坡肉

浙江名菜东坡肉的传说有好几个版本，但都离不开宋朝文学家苏东坡。东坡肉因他而得名，因美味好看而名扬四方。

一块块肉红里透亮，如同一块块玛瑙。颜色如此使人有食欲，少不了糖的功劳。冰糖的纯度比较高，一般都会用冰糖上色，上色后的肉黑里透红，非常漂亮，而酱油上色的肉显黑色且不透红。

用糖上色其实是焦糖化的过程。冰糖在加热的过程中脱水，变成酱色，成为焦糖，产生火烤的香味和其他芳香性的物质如麦芽醇等。

猪皮经过加热变焦，再与焦糖碰撞，变成焦糖色，外酥里嫩、爆香酥脆。

糖除了赋予食物诱人的色泽，还去除了原食材里面的一些腥味、苦味等。

东坡肉

糖来帮川菜调味

　　说到四川菜，大多数人都会想到辣椒，但其实川菜的味道是多种调料在火中碰撞出的复合滋味。比如，鱼香肉丝虽然名字里有鱼，但食材里并没有。四川人模仿烹鱼的调料与方法制作，主要利用糖、盐、醋、辣椒四种调料品凸显出鱼肉的鲜美味道。

　　作为甘蔗的重要产区、冰糖的发明地，当地的川菜也少不了糖来调味。《四川省志·轻工业志》记载，

甜烧白

南宋时期遂宁一带已有糖坊 300 多个。糖自然成为当地人的家常调料。

甜烧白是四川常见的一道蒸菜。冰糖炒出焦糖色，制出糖汁。糯米饭和五花肉都用冰糖汁上色。将豆沙夹入肥厚的五花肉片里，再把肉片码放在糯米饭上，放入大蒸锅中蒸一个小时以上。在高温下肥腻、香甜的油脂渗进糯米，吃的时候再撒上一大把白砂糖，一口咬下去，肥而不腻，香甜四溢。

193

糖油粑粑
隐匿于湖南市井的王牌甜食

正在做糖油粑粑

湘菜除了多用辣椒，还用冰糖和蜂蜜调和肉的颜色，中和刺激的咸辣味。

传统小吃糖油粑粑是当地百姓的最爱，与臭豆腐、葱油饼被称为长沙"油货三绝"。

粑粑是饼的意思。做法简单，首先在糯米粉里加入水，和成一个非常柔软的米粉团。油锅烧热后，糯米粉搓成饼状的粑粑下锅。再把红糖、白糖、蜂蜜和水加在一起搅拌均匀，调成糖汁。待粑粑两面都呈浅金黄色，倒入糖汁。糖汁和油迅速融合成为浓稠的糖浆，均匀地裹在每一块糯米粑粑上。粑粑呈金黄色，软软的，圆溜溜、油亮亮，撒上芝麻就可以出锅了。

吃完辣食，来一碗香甜软糯、油而不腻、色香诱人的糖油粑粑，甜甜的滋味自舌尖蔓延开来，迅速感受到湖南美食的甜蜜。

195

锅包肉

谁说东北菜没有糖

除了八大菜系，美味的东北菜也有糖的功劳。

白糖一般来自甜菜和甘蔗，东北作为甜菜的主产地之一，自然不缺糖。

东北人的"甜口菜"不多，极具"国际范"的锅包肉是典型代表。据悉，1907年，滨江道署的首席厨师郑兴文为适应外宾口味，把咸鲜口味的"焦烧肉条"改成了一道酸甜口味的菜肴，用白糖、醋等调成汁，因此发明了锅包肉，开创了东北菜甜的先河。

东北物产丰富，盛产松子和玉米，成就了金灿灿、甜滋滋的松仁玉米。做的时候多放糖，以甜味唤醒沉睡的味蕾。

还有甜口的西红柿炒蛋，它不仅在东北，在全国许多百姓家中也是经常出现的一道菜肴。可根据口味喜欢放盐，做成咸口的；也有人喜欢放糖，做成甜口的。西红柿甜中带酸，糖中和酸味，入口之后尝到浓郁的酸甜味包裹着的软嫩的鸡蛋，非常美味。有人甚至还再加些蜂蜜，让搭配更有味道。

松仁玉米

东北的硬汉甜心

东北菜的标签绝不只有"量大""咸"，地道的东北菜，绕不过"拔丝"。拔丝是将白糖熬成能拔出丝来的糖浆，与炸好的食物翻炒。

会炒糖，拔丝菜就成功了一大半。白糖在油锅里持续加热、熔化，糖的黏度增大，颜色也逐渐变黄，形成无定形的、丝细而长、甜味纯正、好像玻璃般有亮度和脆度的糖丝。成功制作拔丝菜还有一个秘诀：行动要快。做的人要快速、不停地翻炒，吃的人也要及时吃，否则糖会变硬，完全粘在一起。清末和民国初期，拔丝系列菜就开始在全国流行。

万物皆可拔丝，地瓜等五谷杂粮，苹果、香蕉等水果，芋头、土豆等蔬菜，都可以与糖浆变幻美味的拔丝菜。

除了拔丝，酸甜可口的蓝莓山药、香醇甘甜的红酒雪梨、无糖不欢的黏豆包等这类菜特别受女士和儿童们的青睐，也被称为口味偏甜的"女士菜"，这里不是贬义，而是东北人不常外放的柔情。

拔丝地瓜

199

图书在版编目（CIP）数据

中国美食之源 . 糖的世界 / 周莉芬主编 . -- 北京 : 中国科学技术出版社 , 2023.7
ISBN 978-7-5236-0198-3

Ⅰ . ①中… Ⅱ . ①周… Ⅲ . ①食糖—普及读物 Ⅳ . ① TS2-49

中国国家版本馆 CIP 数据核字 (2023) 第 077052 号